数と図形と論理の話

わかっているようでわからない

西田吾郎

学術選書 061

KYOTO UNIVERSITY PRESS

京都大学学術出版会

はじめに

　算数や数学は，残念なことに生徒たちが嫌いな教科の筆頭です．その理由は，よくわからない，あるいはよい成績が取れないことなどでしょうが，もう1つ，何のために算数や数学の勉強をするのかがわからないこともあるのでしょう．いま学んでいる数学が何の役に立つのかわからないまま勉強を続けるのでは，数学が嫌いになるのは無理もありません．ゆとり教育の是非が議論になっていたころ，高名な女流作家が，「学生のころ2次方程式の解の公式を覚えたが，その後の人生で役に立ったことは一度もない」という趣旨の意見を述べられたことがあります．特定の公式が個人の生活上役に立つかどうかという観点からはその通りかもしれません．しかし，数学が役に立っているかどうかは，私たちの周りを見渡せば一目瞭然です．テレビやパソコンなどの基礎となる科学技術の隅々にまで数学が用いられています．それらの数学の多くは，何百年も前に純粋に学問として研究されていたのですが，科学の発展とともに徐々に実用化されたのです．今日の数学者たちも，目前なにかの役に立つというよりは，新しい定理や面白い事実を知りたいという知的探究心に駆られて研究を行っています．

　数学の勉強をするのは何のためというより，数学の勉強が楽しいということがまず第一に来なければなりません．小学校で台形の面積の公式を学びます．2次方程式の解の公式と同様に，普通の人は卒業後この面積の公式を使うことはめったにないでしょう．しかし，ノーベル物理学賞の益川敏英さんから伺ったことが

あります．益川さんが小学生のとき，公式は教わらないまま台形の面積を求める宿題があったのですが，数日考え自分で答えを見つけたときは飛び上がるほど嬉しかったそうです．浮力の原理を発見したギリシャの数学者アルキメデスにも有名な逸話があります．シラクサの王様から，金の王冠に混ぜ物がないか調べるように命じられたアルキメデスは，あれこれ考えながらお風呂につかったとき，溢れだす水を見て浮力の原理を発見したといわれています．つまり水中の物体には，その体積に比例する浮力がかかるという法則です．そこで王冠と同じ重さの純金の塊を作り，王冠と天秤の両端で釣り合わせておきます．これを水中に沈めると，王冠に混ぜ物があれば比重が異なり，体積も異なるので水中では釣り合わなくなるはずです．これに気が付き喜んだアルキメデスは，お風呂から飛び出し，「わかった（ギリシャ語でエウレカ，あるいはユーリカ）」と叫びながら街中を裸で走り回ったといわれています．

　パソコンでなにかソフトを使いたいとき，マニュアルに従って操作をします．ソフトが動くことが重要であって，マニュアルの意味内容はわからなくても困ることはあまりありません．しかし，しばらくソフトを使わなければ，マニュアルに書いてあることをすっかり忘れてしまった経験はおありでしょう．いまの算数や数学教育は，これによく似ています．数学を正しく学んだり，教えたりすることはなかなか難しいことなのです．ゆとり教育が盛んなころは，みんなが100点取れる教育というのが目標だったのですが，それは結局易しい公式や計算マニュアルを覚えて答えを出すというものでした．数や図形のような基本的概念の意味な

ども十分教えたり，考えさせたりすることはなく，そのため本来はできる生徒たちの多くが落ちこぼれることになったのです．逆にいえば数学の正しい学び方は，ともかくも自分の頭で考えることです．なぜそう考えなければならないのか，あるいはそうすればなぜうまく行くのかを，一つひとつ確かめていくことで正しく考える力を身に付けることができます．そしてこれが数学を学ぶ本当の目的なのです．

　本書の内容の簡単な紹介をします．本書は 10 の話題と付録からなっています．第Ⅵ話までは，自然数，有理数から複素数までの数の体系がどのように発展してきたのかを述べています．虚数は本当に存在するのかというのは，多くの学生にとって謎のまま卒業しているのではないかと思いますが，いろいろな数をばらばらに学ぶのではなく，それらの全体像をとらえることが虚数を理解する鍵になります．第Ⅴ話は第Ⅵ話のための準備ですが，角度や面積のような図形についての常識からやや外れた見方を述べていて，それ自身興味深いものです．第Ⅶ話からは数学の面白さを味わう題材を集めています．第Ⅶ話はオイラーの公式 $e^{\pi i} = -1$ のお話です．これは高校，あるいは大学初年度の知識で味わうことができる数学の深い結果の 1 つです．第Ⅷ話は平行線が無数に存在する非ユークリッド幾何の解説です．ただし，単なるお話ではなく，ユークリッド幾何との対比がよくわかるようにしています．Ⅸ話，Ⅹ話は数学と論理，あるいは数学の基礎に関わるパラドックスについて触れています．論理については，高校などで勉強する機会があまりないせいか，大学で数学を教えていても論理の怪しげな学生が多いように感じられます．多少，教科書っぽ

い書き方になりましたが，改めて学ぶつもりで読んでいただければと思います．X話の最後には，有名なゲーデルの不完全性定理に触れています．証明を与えることはできませんが，その意義を知っておくことはとても大切なことであると思います．

　付録では，本文で必要な事柄をまとめて述べてあります．また，意欲的な読者のため定理の証明も与えています．定理の証明はやや難しいのですが，定理の内容さえわかれば本文を読むのに困らないと思います．

目 次

第Ⅰ話
定義と定理 —— 1+1=2 はどうして正しい？　1

1　定義とはなにか —— 定義と定理の違い　1

2　間接的な定義 —— 見かけでは定義に見えないときもある　4

3　「1+1=2」は自然数の定義の一部である　8

4　不親切な用語　12

第Ⅱ話
負数と整数 —— $(-1)\times(-1)=1$ について　17

1　掛け算とはなんだったのか　17

2　自然数の加法，足し算と寄せ算　20

3　自然数の掛け算は本質的に足し算である　25

4　0の発見　27

5　負数と整数はどのように定義されるのか　29

6　マイナス×マイナスはなぜプラスか　34

7　$(-1)\times(-1)=1$ が成り立つ数のモデル　37

8　発見と創造　38

第III話

分数と有理数
—— 分数の割り算はなぜひっくり返して掛ける？　43

1　分数と割り算は同じものか　43
2　分数と有理数の正式な定義　46
3　分数で割るとはどういう意味なのか　49
4　分数とユークリッド幾何 —— 線分を n 等分する　53
5　正5角形，黄金分割とフィボナッチ数　57
6　自然数の割り算と整数論　62

第IV話

実数とはなにか
—— $0.999\cdots = 1, \neq 1$?　67

1　無限小数と実数 —— $0.999\cdots = 1$?　67
2　循環しない無限小数とはなにか　73
3　直線をハサミで切る —— デデキントの切断　76
4　カントールの対角線論法　84
5　無限の哲学 —— 可能無限と実無限　86

第V話

角度と面積と左右　91

1　1°という角はどのようにして測るのか　91
2　弧度法 —— 円弧の長さとはなにか　97

3	角の3等分 —— ギリシャ以来の不可能問題	102
4	図形の面積 —— 突然すべての面積が2倍になったら	106
5	面積の定義とボヤイの定理	113
6	右と左 —— 鏡の中の上下，左右と前後	116
7	向き付けとはなにか —— メビウスの帯	120

第VI話

虚数 i はどこに存在する？   125

1	3次方程式のカルダノの公式	125
2	虚数の存在 —— まず代数モデルについて	130
3	複素数の幾何モデル —— ガウスの天才的発想	134
4	複素数は究極の数である	139

第VII話

オイラーの公式 $e^{\pi i}=-1$ とはなにか   143

1	指数関数 —— 2のπ乗をどう定めるか	143
2	自然界の指数関数と対数関数	148
3	指数関数の微分 —— ネイピアの定数はなぜ重要なのか	152
4	複素数の値をもつ指数関数	154
5	オイラーの公式 —— 三角関数の加法公式は指数法則である	156

第Ⅷ話

非ユークリッド幾何 —— 曲がっていても「直線」 　161

   1　合同とはなにかを見直す　161

   2　平行線公理 —— 三角形の内角の和はいくらか　165

   3　非ユークリッド幾何 —— 双曲面の上で幾何を考える　170

   4　閉じた「直線」の幾何　176

第Ⅸ話

数学と論理　179

   1　なぜ論理を学ぶのか　179

   2　命題論理 —— 「ゆえに，または，かつ，でない」の論理　181

   3　真ではないことはない＝真？　185

   4　A ならば B —— 嘘からまことは導けるか　188

   5　背理法と矛盾 —— 矛盾があれば何でもいえる　193

   6　記述論理 —— 言葉の正しい使い方　195

   7　排中律についてもう少し考える　201

第Ⅹ話

パラドックスいろいろとゲーデルの不完全性定理　207

   1　ゼノンのパラドックス —— アキレスとカメ　207

   2　論理に関わるパラドックス　212

   3　集合にまつわるパラドックス　217

   4　ゲーデルの不完全性定理　219

付録 A

数列の極限と微分　　　　　　　　　　　　　　229

1　数列の収束　　　　　　　　　　　　　　229
2　連続的変数に関する極限値　　　　　　　233
3　ネイピアの定数　　　　　　　　　　　　236
4　簡単な微分の公式　　　　　　　　　　　238
5　指数関数の微分　　　　　　　　　　　　239
6　三角関数の微分　　　　　　　　　　　　241

付録 B

ベキ級数，指数関数と三角関数　　　　　　245

1　無限級数 ── 絶対収束するなら有限級数と同じことができる　245
2　ベキ級数　　　　　　　　　　　　　　　251
3　指数関数と三角関数はベキ級数で定義できる　　256

付録 C

空間の一次変換　　　　　　　　　　　　　　261

1　2行2列の行列と平面の一次変換　　　　261
2　3行3列の行列と空間の一次変換　　　　264
3　一次変換と双曲面　　　　　　　　　　　268

わかっているようでわからない
数と図形と論理の話

第 I 話 | *Episode I*

定義と定理
1 + 1 = 2 はどうして正しい？

1 | 定義とはなにか ── 定義と定理の違い

　数学において，多くの主張は「A は B である」というような形をしています．「三角形の内角の和は $180°$ である」，「$1+1$ は 2 である」，「$x^2 - 3x + 2$ は x の 2 次式である」，「$x^2 - 3x + 2 = 0$ は実数解をもつ」，あるいは「$\sqrt{2}$ の 2 乗は 2 である」などなどです．このような主張は，形は似ていてもその性格まで同じというわけではありません．「A は B である」というような主張は，大きく分けると定義と定理になります．数学では，新しい事柄を（それがよく知られているように見えても）説明なしに持ち出すことはルール違反なのです．新しい概念，用語，あるいは記号などは，それがどのようなものであるかを既知の概念，用語，あるいは記号を用いて説明しなければなりません．このようなものが定義です．この場合，「A は B である」のは何故かと問うのは意味がありません．それはいわば約束だからです．もちろん用語などは，適切なものを選ぶというくらいの理由はあります．これに対して定理というのは，その主張の正しさがすでにわかっている別の事柄から証明できるものであり，なぜそうなるのか，理由を問うことができます．このように書いてしまえば，定義と定理の

違いは明らかなように見えます．しかし実際はそれほど単純なものではありません．特に主張の書き方によっては，定義と定理を混同し，証明などできない定義を証明しようとしたりすることがあります．例を挙げましょう．

　「長方形は 4 つの角がすべて直角である」

は正しい主張です．しかしこれは証明ができる主張でしょうか？あるいは，明らかに正しいので証明は不要なのでしょうか？　証明しようとしばらく考えていくうちに，そもそも長方形ってなんだっけ，ということになりそうです．小学校の算数の教科書を見ると，

　「長方形とは 4 つの角がすべて直角の 4 辺形である」

あるいは

　「4 つの角がすべて直角の 4 辺形を長方形という」

とあります．つまり最初の主張は長方形の定義をやや不親切に述べたものであって，証明できるというようなタイプの主張ではないのです．長方形に対するイメージは人さまざまだから，

　「1 つの角が直角である平行四辺形」

　「対角線の長さが等しい平行四辺形」

などを長方形と思ってしまう人にすれば，上の定義は定理のように見えます．ちなみに正方形は長方形といってよいのでしょうか？　小学生に聞けば，正方形は「長くない」から長方形ではないと答える生徒が多いのではないでしょうか？　もちろん上の定義を忠実に適用すれば，正方形は長方形です．実は上の定義に当てはまる図形をちょうど表わすものとして，矩形という用語があります．矩というのは，もともとは天文用語であったのですが，

直角を表わす漢字なのです．しかしこれは小学生にはなじみがなく，漢字としても難しいので採用されず，結局「長くない」ものも許す長方形という用語となってしまったようです．

別の例として，楕円の定義を考えましょう．

「楕円は方程式 $\dfrac{x^2}{a^2}+\dfrac{y^2}{b^2}=1$ のグラフが表わす図形である」

「楕円は平面上で 2 定点からの距離の和が一定の点の軌跡である」

上の 2 つの主張は，いずれも楕円の定義として採用することができます．最近の高校の教科書では，上の主張を定義としていますが，どちらでなければならないということはありません．しかし，一旦どちらかを定義にしてしまえば，もう一方の性質は証明が必要な定理になります．定義にしても定理にしても，嘘ではないという意味では正しい主張なのですが，その「正しさ」の意味が異なるのです．

冒頭の 5 つの主張はどうでしょうか．このような主張に対し，何故そうなのかという疑問に答えられるなら，それは定理です．「三角形の内角の和は 180° である」はよく知られたユークリッド幾何の定理であり，「$x^2-3x+2=0$ は実数解をもつ」というのは，何故と聞かれれば，$x=1,2$ が解であることが証明できます．一方，「x^2-3x+2 は x の 2 次式である」はどうでしょうか？　何故そうなのかと聞かれても答えようがありません．x^2-3x+2 あるいは x^2+1，$x^2+x-1/2$ のような式を x の 2 次式と呼ぶという「定義」の一例だからです．「$\sqrt{2}$ の 2 乗は 2 である」もよく考えると，$\sqrt{2}$ の定義に他なりません．最後

に「1 + 1 は 2 である」はどうでしょう？ 何故そうなるのかと問うことができるように見えますが，またあまりにも当たり前すぎて，何故と聞かれても答えられるものではないとも思えます．これが，表題に挙げた疑問なのです．

2 | 間接的な定義 —— 見かけでは定義に見えないときもある

さて，上の疑問に取りかかる前に，定義についてもう 1 点考えておきましょう．定義の仕方には直接的な方法と，間接的な方法があります．間接的な定義とは，定義らしきものが表には現れてこないが，結果的には定義したいものが定まっているようなものです．これではわかりにくいので，例を挙げて説明します．ユークリッド幾何で，直線の定義をご存じでしょうか？ もちろん今日では，中学，高校でユークリッド幾何を学ぶとき，直線は次のように定義されます．まず実数とはなにかがわかったものとしますと，平面上の点を 2 つの実数の組からなる座標 (x, y) を用いて表わすことができます．このとき直線とは x, y の 1 次方程式のグラフであると定義されます．このように座標と方程式を用いて行う幾何は，座標幾何あるいは解析幾何と呼ばれます．しかしこのような直線などの直接的定義は，フランスの数学者デカルトによって創始されたものであって，ユークリッドの『原論』での直線はまったく異なるものなのです．ユークリッドの『原論』では，「点」や「直線」，あるいは「ある点を直線が通る＝ある点が

直線上にある」などの基本的事柄から議論が始まるのですが，これらの事柄には定義が与えられていません．いわゆる無定義述語と呼ばれるものです．ただし，暗黙の前提として，このような概念は皆がよく知っていて改めて説明する必要がないとされています．A君の考える「直線」と，Bさんの考える「直線」は本質的に同じであるという前提に立っているのです．その上で，それらがみたすいくつかの公理が述べられます．例えば結合公理と呼ばれる公理は

「異なる2点を通る直線が存在する」

「異なる2点を通る直線はただ1つである」

「直線上には異なる2点が存在する．また，同一直線上にない3点が存在する」

などです．さらに順序に関する公理や図形の合同に関する公理などがあります．これらの公理（以前は公準という言葉が用いられていましたが，今日では公理というのが普通です）から，論理規則などを用いて導かれる命題が定理なのです．例えば上の結合公理から，次の定理

「異なる2直線は交わらないか，ただ1点で交わる」

を示すことができます．点や直線が，皆が共有して考えているとされる「あの点や直線」であるとするならば，公理たちは明らかに成り立ち，証明不要な主張であると考えてよいでしょうし，またずっとそのように考えられてきました．また，これらの基本的概念や公理から，線分や角，あるいは三角形のような概念が定義され，それらについて合同に関する公理や，平行線公理などが考えられ，ユークリッド幾何の壮大な議論が展開されるのです．

座標幾何では，直線は1次方程式をみたす「点」たちの集まりと考えることができます．しかし，古典的なユークリッド幾何では，「直線」と「点」とは独立のものであって，ある直線上に特定の点があるということはいえても，直線がその上にある点の集合と考えていたわけではないのです．そもそも，直線上には無数に点があるでしょうが，無数というのはいろいろ考えられて，実際にどれくらいの点があるのかということについて，共通のイメージがあったとは思いにくいのです．直線上の2点の間の距離，いいかえると2点が定める線分の「長さ」を考えましょう．直線上に点がどれくらいあるのか，という問題は，どのような長さの線分を考えることができるかという問題と同じです．もちろん実数の概念を知っている現代では，デカルトの座標幾何で考える限り，どんな長さの線分もあることがわかります．しかし，ギリシャ時代では公理から推論されることがすべてでした．第Ⅲ話で述べるように，与えられた線分の分数倍の線分があることや，ピタゴラスの定理から $\sqrt{2}$ 倍の長さの線分があることは公理から証明できますが，$\sqrt[3]{2}$ 倍の長さの線分が存在するかどうかはわからなかったのです（後に19世紀になって公理からはその存在を証明することができないことが示されました）．

　$\sqrt[3]{2}$ 倍の長さの線分の存在のような問題を抱えつつ，ギリシャ時代の人々は直線などの幾何学的対象を，唯一無二な実在と考えていたようです．しかし，この前提，つまり皆が同じ「直線」について考えているということにはなんらかの根拠があるのでしょうか？　逆にいうと，公理に挙げられた性質をすべてみたしながら，皆が考える「直線」と本質的に異なるものがあると考えてい

けない理由は特にないのです．そのような場合，公理の性質をみたすものならなんでも「直線」と呼びましょう，といってもよく，公理たちが間接的に「直線」を定義しているといえます．そうすれば，公理たちが成り立つ「理由」を説明する必要，あるいは意味がなくなります．その場合，私たちは公理を無条件に「正しい」ものとして，理論の出発点に置き，そこから正しい推論によって導かれた定理たちは正しいと考えるのです．

このような発想の転換は，いわゆる非ユークリッド幾何，つまり平行線公理が成り立たない幾何学の発見が契機になっています．ユークリッド幾何の平行線公理とは次のように述べられます．

「直線 l と，l 上にない点 P に対し，P を通り l と平行な直線はただ 1 つである」

平行線公理が成り立つとすれば（正確にいえば，どんな実数の長さの線分も存在することも仮定します），実は「直線」とは本質的に皆が考えている「あの直線」でしかないことが証明できます．また，それは x, y 平面の 1 次方程式のグラフと考えてよいのです．しかしながら，19 世紀のロシアの数学者ロバチェフスキーは，平行線公理以外の公理はすべてみたすが，上のような平行線が無数に引けるような「直線」を考えることができることを示しました．ロバチェフスキーが考えた「直線」とは，私たちが普通に見れば双曲線なのです．これが（双曲型）非ユークリッド幾何で，これについてはⅧ話で解説します．

もう 1 点，間接的な定義の問題点を述べておきましょう．方程

式 $\dfrac{x^2}{a^2}+\dfrac{y^2}{b^2}=1$ のグラフが表わす図形が楕円である，というのは直接的な定義です．この場合，この定義をみたす対象が存在するかどうかは，まさに直接的に調べることができます．しかし，ユークリッド幾何でいくつかの公理をみたすものとして直線などを定義する場合，公理はそのような対象が存在するかどうかを教えてはくれません．ギリシャ時代には，そのような直線は「明らかに存在する」ものとしたのですが，現代の公理主義では，公理をみたす対象の存在は公理そのものとは別物と考えるのです．

3 │「1 + 1 = 2」は自然数の定義の一部である

さて，「1 + 1 = 2」という主張について考えていきましょう．これはもちろん「正しい」主張です．しかしその正しさは証明できるのでしょうか，あるいは証明するまでもなく明らかなのでしょうか？ 一般に「A は B である」という主張が定理であるのは，A と B の意味が独立に定まっているのが前提にあります．その上で，A から B を導くことができるとき，「A は B である」が証明されたということがいえます．それでは「1 + 1 = 2」について考えましょう．まず，1 や 2，あるいは + とはなんだったでしょうか？ そもそもそのような基本的なものの定義などあるのでしょうか？ これは前述のユークリッド幾何の「点」，「直線」，あるいは「通る」というような無定義述語みたいなものでしょうか？ 答えから言ってしまえば，YES です．ユークリッド幾何の直線と同じように，自然数とはなんであるかは皆がよく

知っていると思っています．しかし，例えば 15 や 31 の定義はなにかを突き詰めて考えていくと訳がわからなくなってしまうでしょう．そこで自然数の実体とはなにか，という疑問は差し置いて，まず自然数がみたす基本的な性質について考えていきましょう．ただし，ここでは 0 は自然数には含めないものとします．自然数の性質は簡単であるから書きあげることができます．まず，どんな自然数 n に対しても，「次の数」と呼ばれる自然数が定まっています．それを n' と表わしておきましょう．また 1 と表わされる特別の自然数があります．このとき次のような性質が成り立ちます．

(a) 1 はどんな数の次の数にもならない．
(b) $n' = m'$ なら $n = m$ である．
(c) 自然数の部分集合 S が，条件 「$1 \in S$」 および「$n \in S$ なら $n' \in S$」をみたすとする．このとき S は自然数全体の集合に一致する．ただし，$1 \in S$ などの記号は 1 が S の要素であることを表わす．

これらは自然数の公理と呼ばれます．別のいい方をすれば，1 という特別の数があること，および，1 から次の数，その次の数という列を考えるとき，以前に出てきた数に戻ることはなく，かつすべての数がそのようにして得られることといってもよいでしょう．さらにいえば，「次の数」とはなにかに悩む必要もありません．つまり，すべての数に対しなにか他の数が定められていること，あるいは記号でいえば，各 n に対し $f(n)$ が（f は

following の意味）定められていて

$$1,\ f(1),\ f(f(1)),\ f(f(f(1))),\ \cdots$$

という列が，途中で元に戻ることなく，すべての数を尽くしているということもできます．もっと抽象化すれば，n というのはなんらかの数である必要もなく，ある集合の要素であればよく，また，1 という慣れ親しんだ記号を使わなければならない理由もありません．1 の代わりに $*$ を用いて，

$$*,\ f(*),\ f(f(*)),\ f(f(f(*))),\ \cdots$$

という列と考えてもよいのであって，それを 1, 2, 3, $\cdots$ のように表わすのは，単に歴史的な記法にすぎないのです．このことから，各要素に「次の要素」というのが定められていて公理をみたすならば，それがどのような意味をもっているかに関係なく，自然数を実質的に定めてしまうことがわかります．私たちが自然数の概念をどのように覚えたかというと，子供のころ父親にお風呂で 50 まで数えないとあがってはいけないとかいわれ，「数」とはなにかなどまったく考えず，機械的に「次の数」を覚えるのが始まりだったのです．

　さて，「$1+1=2$ である」の問題に戻りましょう．1 の次の数を私たちは 2 という記号で表わします．つまりこれが 2 の定義なのです．ついでにいいますと，3 とは 2 の次の数であり，1 の次の次の数です．主張「$1+1=2$ である」のもう 1 つの役者 $+$，つまり足し算とはなんでしょう？　自然数の最も基本的な性質が，次の数を基にした公理であるとするなら，足し算も公理を基

に定義されるべきでしょう．最初に注意しておくことは，足し算の定義は + という記号を直接定義するのではなく，すでに定義されたものの上に1つずつ定義を積み上げる（帰納的定義と呼びます）やり方になります．そこでまず，1を足すとは次の数のことであると定義するのです．つまり $n+1$ という記号は n の次の数 n' を表わすとするのです．また，$n+2$ は n の次の次の数と定義します．n の次の数は $n+1$ でしたから，$n+2=(n+1)+1$ になります．以下同様に考えると，$n+m$ がすでに定まっていれば，$n+(m+1)$ は $(n+m)+1$ であると定義するのです．これによって，$1+1$ から始まって $n+m$ が次々と定義されていきます．これはなんだか拍子抜けする定義のようで，足し算のもついろいろな意味などは無視されているようにみえます．しかし，足し算のもつ意味や性質は，この単純な定義からすべて導かれます．これについては 次の第II話で検討することにしましょう．この定義に従えば，$1+1=2$ の左辺は1の次の数であり，それは定義から2です．つまり，この等式は1の次の数である2を，$1+1$ という記号で表わしましょう，という本質的に定義の式なのです．

上の等式は単なる定義式ではなく，もっと意味のある等式であると感じる人も多いでしょう．その理由はおそらく次のように思われます．自然数は順序だけではなく，ものの個数を表わすことができます．ものの個数と考えれば，加法にはいわゆる寄せ算もあります．A君とBさんがそれぞれリンゴを1つずつもっているとき，2人のリンゴを合わせるといくつになるか，という問題です．もし，$1+1$ をこのように解釈すると，上の等式は単な

る定義以上の意味があるようにみえます．ここでは仮に寄せ算を $1 \oplus 1$ と表わしましょう．一方，次の数を基にした足し算を $1+1$ とすると，上に述べたように $1+1=2$ は定義です．もし 2 つの加法 + と $\oplus$ が「独立」に定義されているなら，$1 \oplus 1 = 2$，つまり $1 \oplus 1 = 1+1$ は意味のある主張になります．しかし，ものの個数を知るというのは，それを数え上げることに他なりません．リンゴが 15 個あるというのは，1 個ずつ数えてちょうど 15 番目で終わることを意味します．また，15 個のリンゴと 31 個のリンゴを合わせると 46 個になるということも，順に数え上げることでわかるのです．つまり，最初に 15 個のリンゴを数え上げ，さらに残りのリンゴは $15+1, 15+2, \cdots$ のように数えていきます．このとき，$15+31$ のとき数え終わるから，個数は 46 であり，$15+31 = 15 \oplus 31$ が成り立つのです．つまり，寄せ算は足し算から定義されていて，足し算と独立した概念ではないのです．

4 | 不親切な用語

さて，定義や用語，あるいは記号の用い方などは 1 つの約束ですから，なぜそのように用いるかの理由はいろいろあります．ときには不自然に見える場合もありますが，変更されずに使われることも多いのです．いくつか例を挙げておきましょう．方程式 $f(x) = 0$ の解とは，$f(c) = 0$ となる数 c のことです．2 次方程式には，複素数まで考えると「一般に」2 つの解があります．一般にというのは，$x^2 - 2x + 1 = 0$ のように解が 1 だけの場合

があるからです．このようなとき，解は 2 つあるのですが，その 2 つの解が「重なって」いると「約束」すれば，2 次方程式は「必ず」2 つの解をもつということができます．しかしこのような「重解」，つまり解が重なるとはどういうことかは，直感的にはわかったようでもちゃんとした「定義」はないのです．解の個数とは，$f(c) = 0$ となる数 c の個数だとすると，1 個しかないときに「重なっているから」2 個あると考えるのはやはり無理があるでしょう．

このようなことを述べている理由は，解に似た用語として「根」があるからです．多項式 $f(x)$ が $x - c$ で割り切れる，つまり $f(x) = (x-c)g(x)$ と因数分解できるとき，数 c は多項式 $f(x)$ の根であるといいます．このとき明らかに，数 c は方程式 $f(x) = 0$ の解になります．一方，高校で学ぶ因数定理から，この逆，つまり方程式 $f(x) = 0$ の解 c は多項式 $f(x)$ の根であることがいえます．つまり，多項式を考えているか，方程式を考えているかを無視するなら，「根 = 解」といってもかまいません．このことから，最近では根という用語は用いられることが少なくなったようです．しかし，解が重なるというのはわからなくても，根が重なるというのは明確な意味があります．$f(x)$ が $(x-c)^2$ で割り切れるとき，c は重根であるといえばよいのです．また，根がどれだけ重なっているかということも，例えば $(x-c)^m$ では割り切れるが $(x-c)^{m+1}$ では割り切れないとき，c は m 重根であるというように表わせます．重解という用語を使うのはよいにしても，ここに述べたようなことを理解しておくのが望ましいのです．

このほか，用語や記号のちょっとしたことで，誤解したり，何故だかで悩んだりすることもよくあります．平面上の2つの直線が平行であるとは，それらが交点をもたないことです．しかし，「平行」という言葉には「同じ方向を向いている」という語感があります．この意味からは，1つの直線は「それ自身」に平行のように思えるのですが，上の定義に照らすと交点だらけで平行ではありません．ところが，2つのベクトルが平行というときは，「同じ方向を向いている」というのが定義になります．つまり

「2つの直線が平行」 ⇒ 「それらの方向ベクトルが平行」

は正しいのですが，逆は正しくないのです．こんなことで混乱して，試験問題などでミスをすることもあるので注意が必要です．ベクトルの平行と同じ意味なのですが，ベクトルの一次従属という言葉も不親切な用語です．2つのベクトル $\vec{u}, \vec{v}$ は，どちらかは0ではない実数 a, b があって $a\vec{u} + b\vec{v}$ が0ベクトルになるとき，一次従属であるといいます．しかし，日常感覚からいうと，2つのものが並んで従属しているというのは変です．上のような状況で，$a \neq 0$ なら $\vec{u} = -(b/a)\vec{v}$ であり，$\vec{u}$ は $\vec{v}$ に「従属」しているといってもよいでしょう．一方，$b \neq 0$ なら $\vec{v}$ は $\vec{u}$ に「従属」しています．つまり，「一次従属」とは，どちらがとはいえないが，一方のベクトルが他方のベクトルに「従属」しているというようにいえばわかりやすいのです．ただし，このようないい方はいかにもまわりくどいので，最初に述べたような定義をするのですが，言葉に惑わされず意味をとらえることが大事です．

集合 Y が集合 X の部分集合のとき，$Y \subset X$ という記号で表わします．これは，$Y = X$ のときも区別なく用いるのですが，昔

は $Y \subseteq X$ という記号で一般の場合を表わし，$Y \subset X$ は $Y \neq X$ の場合だけに用いました．しかし用語として，集合 X 自身も X の「部分」集合と呼ぶ約束が当たり前になったので，$Y \subseteq X$ という記号を用いることはできなくなったのです．しかし，大小関係については $a \leq b$ という記号はすたれることはありません．実際，すべてを $a < b$ で代用しようとすると，いろいろな条件（$a = b$ であったりなかったり）を表わすのが大変でしょう．集合についてさらにいえば，「空集合」というのも約束だらけの概念です．そもそも，要素を1つももたない「物の集まり」も集合と考え，空集合と呼ぶというのがまったくの約束なのです．また，どんな集合 X に対しても，空集合 $\emptyset$ は X の部分集合であるとします．これも約束なのですが，多少の理由はあります．集合たちには，それらの合併，共通部分などを考えることができます．また，Y が X の部分集合のとき，Y の補集合 $Y^c = \{x \in X;\ x \notin Y\}$ が X の部分集合として定義されます．X 自身，X の部分集合と考えました．このとき，X^c は X の部分集合ですが，定義より $X^c = \emptyset$ になります．従って，空集合は X の部分集合としておかないと都合が悪いのです．空集合を含むこれらの定義は，集合たちの演算規則ができるだけ例外を作らないように考えて決められているのですが，次話以降では，0 や負数の演算規則の決め方も似たものであることを見ていくことにします．

第Ⅱ話 | *Episode II*

負数と整数
$(-1)\times(-1)=1$ について

1 | 掛け算とはなんだったのか

$2\times 3=6$ であることは誰も不思議には思わないでしょう．それは掛け算の定義が $2\times 3=2+2+2$ だからです．つまり 3 倍するとは同じものを 3 つ足し合わせることなのです．より一般に自然数による掛け算の定義は

$$m\times n=m+\cdots+m, \quad m \text{ の } n \text{ 個の和}$$

であり，特に $1\times 1=1$ になります．しかし掛け算をこのように定義する理由はなんでしょうか？ つまり，× にはどんな意味があるのでしょうか？ 例を考えてみましょう．毎日 2 km のジョギングをする人が，3 日間で走る距離は $2\,\mathrm{km}+2\,\mathrm{km}+2\,\mathrm{km}=6\,\mathrm{km}$ です．これを 2×3 km と表わしているのです．つまり，2×3 とは $2+2+2$ を簡便に表わすための記法といってもよいでしょう．このような具体的な例では，掛け算の定義には何の問題も起こりません．

では，負の数を掛けるとはなんなのか，わかりやすい説明はなかなか思いつきません．学校では，$(-1)\times(-1)$ は 1 と約束する，つまり $(-1)\times(-1)=1$ は定義であると教わります．形の

上では $1\times 1=1$ が定義であることと同じなのですが，なんだか理由もわからず，「恣意的に」決めたようで納得がいかないというのが冒頭の疑問でしょう．このような疑問に対し，「なるほど，そうか！」と思えるような答えを見つけようというのがこの本の目論見なのです．

数学のほとんどの事柄には2つの側面があります．形式的な面と，意味，内容に関わる面でのことです．別のいい方をすれば，抽象的な計算や算術規則に関わることと，直感的な図形や具体的な対象に関わることともいえます．具体的な対象について成り立つ事柄を抽象化していろいろな規則が得られ，またそのような規則は別の具体的対象に応用されます．このように関連しあう2つの側面を相補って考えることが，数学が「本当にわかった」といえるための必須の条件なのです．小学校で算術を学ぶときも，必ず何本かの鉛筆や果物などの絵や図形のような具体的なイメージの助けを借ります．例を挙げましょう．小学校では最初，長方形の面積は（たて×よこ）であることを学びます．このとき，例えばたてが 3 cm，よこが 2 cm の長方形は，次のページの左図のように1辺の長さが 1 cm の正方形のタイルたちがたてに3つよこに2つ並んでいて，$3\times 2=6$ 個のタイルがあると思ってよいので，面積は 6 cm^2 であると理解させるのです．また，右図のように6つのタイルたちを並べ替えると，たて 2 cm，よこ 3 cm の長方形ができます．このことから，掛け算の交換可能性，つまり $3\times 2=2\times 3$ であることは，具体的に計算しなくとも「直観的に」理解できます．

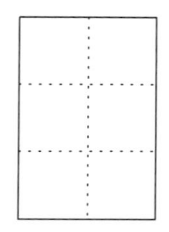

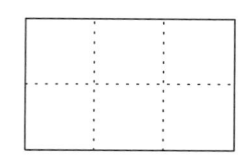

しかしながら，これが一般の交換律 $n \times m = m \times n$ の「証明」になってはいないことに注意が必要です．例えば，上述したような掛け算のモデルでは，毎日 2 km のジョギングをする人が 3 日間で走る距離と，毎日 3 km のジョギングをする人が 2 日間で走る距離が同じであることは，それぞれ計算しなければわかりません．この場合は $n \times m$ と $m \times n$ は意味が違うので，直接比較はできないのです．しかし長方形の面積を用いれば，掛け算の交換律が次のように「証明」できるように思えます．

「たて n cm，よこ m cm の長方形と，たて m cm，よこ n cm の長方形は，一方を 90° 回転して平行移動すればもう一方の長方形にぴったり重なる．平面幾何の言葉でいえば，2 つの長方形は合同である．また，合同な図形の面積は等しい．従って $n \times m = m \times n$ である．」

この「証明」の問題点は，図形の面積というのがあらかじめ定まっており，よくわかったものであるとして，その上で，合同な図形の面積は等しいという性質を用いていることです．しかし，小学校で生徒たちは，長方形や三角形の面積を初めて学ぶのですから，図形の面積というのがなんであるかがあらかじめわかっているわけではありません．つまり，生徒たちが学ぶ長方形の面積

が（たて × よこ）であるというのは「定義」なのです．だから，合同な図形の面積は等しいというような性質が成り立つことは自明ではなく，あとから証明することなのです．面積とはなにかというのは結構やっかいなので，第V話で改めて考えることにします．

2 │ 自然数の加法，足し算と寄せ算

それではなぜ $(-1) \times (-1) = 1$ なのかを考えていきましょう．ある主張が定理の場合，「なぜ」その定理が正しいのかと聞かれればその証明を与えればよいのです．この場合は，必然的にそうなるという理由を示すことになります．他方では，日本語で「なぜ」という言葉は，必然的に決まってしまうことよりも，いくつか考えられる理由があって，その中から1つ選ぶようなときにも用いられます．この話の始めに，$(-1) \times (-1) = 1$ というのは定義であると述べました．第I話でも触れたように，定義というのは「なぜ」それが正しいか，つまりそうである必然的な理由を問うことに意味はありません．しかし，$(-1) \times (-1) = -1$ という選択も可能だったのです．つまり，疑問は「なぜ」$(-1) \times (-1) = 1$ のほうを選ぶのか，ということです．これは数の演算規則からそう決まってしまうというのが答えなのですが，残念ながら一言や二言ではきちんと述べることはできません．そこで自然数とはなにか，また足し算や掛け算の演算規則について第I話で考えたことのおさらいをしましょう．

まず自然数とは 1, 2, 3, ⋯ のことで，ここでは 0 を含めないことにします．後で述べますが，0 はあまり「自然」ではないからです（数学書には自然数に 0 を含める立場のものもあります）．前話で述べたように，どんな数にもただ 1 つ次の数があるというのが自然数の基本的な性質です．そこで，1 の次の数を 2 という記号で表わし，2 の次の数を 3 という記号で表わしていく．これが自然数の定義でした．このような自然数の定義は物事の順序をもとに考えています．

　一方，いくつかのリンゴといくつかのみかんがあるとき，それらの個数が同じかどうかは，1 つずつ対応させれば確かめることができます．このようにして，いろんな物の個数を抽象化することにより，数の観念を得ることもできます．このとき，順序を表わす数と個数を表わす数は本質的に同じであることがわかります．例えば，小学校の運動会の玉入れでは，かごに入った玉の数を調べるために，かごの中から 1 つ，2 つ，3 つと順番に数えながら玉を取り出していきます．例えば 18 と数えたときに玉がなくなれば，かごの中には 18 個の玉があったわけです．ここで大事なことがあります．かごの中の玉の取り出し方はいくらでもありますが，どうやっても個数は同じになります．これは明らかなことでしょうか？　個数というのは数え上げるしか調べる方法はありませんから，数え方を変えても同じであるということは直ちにはいえません．これをいうには，かごの中の玉を順番に取り出すとき，玉に 1 から順に数字を書き入れておきます．最初に数えたときには，玉には 1 から 18 までの番号が書かれています．玉をかごに戻し，もう一度順に玉を出して行きます．もし，例え

ば 17 個しかなければ，玉に書かれていた番号を見ると，欠けた番号があるはずですが，かごから玉はすべて出しているのだから矛盾です．逆に例えば 19 個あったとしても矛盾が起きます．このことから，かごの中の玉の個数は数え方によらず「確定」するのです．順序と個数はどちらも数の基本的性質ですが，順に数えることで個数を求めることができるという点では，順序を表わすことがより基本的であるといえます．

　自然数の加法と乗法の定義は，前話でも少し触れましたが改めて述べましょう．自然数は順序を表わす数として定義しましたから，加法もその定義に基づくものでなければならないでしょう．最初に，$n+1$ とは「n の次の数」であると定めます．$n+2$ とは n の次の次の数，つまり，$(n+1)+1$ であり，同様に $n+3=(n+2)+1, \cdots$ と定義します．一般の場合は，$n+m$ がすでに決まっているとすると，

$$n+(m+1)=(n+m)+1$$

と定めるのです．このとき，n, m がどんな自然数であっても，$n+m$ という自然数がただ 1 つ定まることは明らかでしょう．この加法を「足し算」と呼びます．

　加法にはもう 1 つの考え方があります．いわゆる「寄せ算」のことです．例えば A の皿には 3 個，B の皿には 2 個のリンゴがあるとき，合わせるとリンゴは 5 個あります．この定義は，具体的なものの場合には意味は明白ですが，抽象化された数の加法とするにはあまり厳密とはいえません．3 個のリンゴと 2 個のリンゴを合わせたとき，何個のリンゴがあるかを調べるには，全体を

1から順に数え上げるしか方法はないのですから,寄せ算は結局,順序による足し算をしていることに他ならないのです.その意味では,足し算と寄せ算が等しいことは明らかなことといえます.

それでは加法の基本的な性質について考えましょう.加法の基本的な性質としては,かっこでまとめる仕方によらないで

$$(n+m)+k = n+(m+k) \quad \text{加法の推移律}$$

が成り立つことと,足す順序が交換可能であること

$$n+m = m+n \quad \text{加法の交換律}$$

の2つがあります.順序を基にした加法の定義からは,交換律は決して明らかではありません.しかし寄せ算と思えば,交換律は「直感的に」明らかに思えます.しかし,寄せ算も数え上げによる足し算に帰着しますから,足す順序を変えることは,A の皿から数え始めるか,B の皿から数え始めるかの違いとなりますが,前に述べたように個数は数え方によらないという事実によるのです.結局は足し算の交換律になるのです.

小学校では,寄せ算の表わし方として先ほどの例でいうと,最初の A の皿の個数 3 を先にして $3+2$ と書き,これを $2+3$ と書いてはいけないと教えているようです.小学生にとって $3+2=2+3$ であることは,寄せ算の定義から「直感的に」明らかでしょう.足し算と寄せ算の違いについて納得いくような説明をしないと,$3+2$ を $2+3$ と書いては「なぜ」いけないのかは子供たちには理解できないし,算数嫌いになりかねません.

念のため,上に述べた加法の2つの性質を証明しておきましょう.証明は抽象的ですが,一つひとつの論証は特に難しいことは

ありません．定義からいかに順序立てて考えるかが大事なところです．推移律の証明から始めます．まず，$k=1$ のときはどんな自然数 n, m に対しても $(n+m)+1 = n+(m+1)$ であることは上述の加法の定義そのものです．自然数 n, m, k に対し

$$(n+m)+k = n+(m+k)$$

が成り立つと仮定しましょう．このときやはり加法の定義より

$$(n+m)+(k+1) = \{(n+m)+k\}+1$$

が成り立ちます．従って仮定より

$$(n+m)+(k+1) = \{(n+m)+k\}+1 = \{n+(m+k)\}+1$$
$$= n+\{(m+k)+1\} = n+\{m+(k+1)\}$$

ですが，これは仮定の等式が $k+1$ のときも成り立つことを示しています．従って k に関する数学的帰納法により推移律が成り立ちます．

次に交換律を示しましょう．まず $m=1$ のとき成り立つこと，つまり，$n+1 = 1+n$ を示します．$n=1$ のときは明らかです．n までのすべての自然数に対して成り立つと仮定しますと，この仮定と上で証明した推移律より

$$(n+1)+1 = (1+n)+1 = 1+(n+1)$$

より，仮定の等式が $n+1$ のときも成り立つことがいえます．従って数学的帰納法から一般に $n+1 = 1+n$ が成り立ちます．

次にある自然数 n, m に対し，$n + m = m + n$ が成り立つとしましょう．このとき上と同じように

$$n + (m+1) = (n+m) + 1 = (m+n) + 1$$
$$= m + (n+1) = m + (1+n) = (m+1) + n$$

ですが，これは交換律が n と $m+1$ についても成り立つことを示しています．$n = m$ のときは明らかに $n + m = m + n$ です．従って上で示したことから

$$n + (n+1) = (n+1) + n, \quad n + (n+2) = (n+2) + n, \cdots$$

となり，どんな $n \leq m$ に対しても $n + m = m + n$ が成り立ちます．

加法の別の性質として

$$n + k = m + k \quad \text{なら} \quad n = m \quad \text{である}$$

ことがいえます．$k = 1$ のとき，これは自然数の基本的性質です．推移律や交換律を用いれば，k に関する帰納法で簡単に証明できます．

3 | 自然数の掛け算は本質的に足し算である

自然数の積の定義は，次のように行います．まず $m \times 1$ は m であると「約束」します．また，n を（右から）掛けるとは，同じものを n 個足し合わせるものと定義します．つまり $m \times 2 = m + m$,

$m \times 3 = m + m + m$ であり，一般に

$$m \times n = m + \cdots + m, \quad n \text{ 個の和}$$

となります．この定義は特に問題ないでしょう．

このとき次のような等式（分配律という）

$$m \times (n_1 + n_2) = m \times n_1 + m \times n_2$$

が成り立つことは明らかです．また反対側の分配律

$$(m_1 + m_2) \times n = m_1 \times n + m_2 \times n$$

も成り立ちます．実際

$$\begin{aligned}(m_1 + m_2) \times n &= (m_1 + m_2) + \cdots + (m_1 + m_2) \\ &= (m_1 + \cdots + m_1) + (m_2 + \cdots + m_2) \\ &= m_1 \times n + m_2 \times n\end{aligned}$$

だからです．

自然数の演算規則の残りは，積の交換律，つまり

$$n \times m = m \times n$$

および推移律

$$(n \times m) \times k = n \times (m \times k)$$

です．前に，これらが成り立つことを直感的に理解するため，面積のような乗法のモデルを考えました．しかし，そのようなモデルは，交換律が成り立つことを「納得」することに役に立ちます

が，証明にはならないことを述べました．加法の場合と同じように，抽象的な自然数そのものについてはやはり定義に基づく証明が必要なのです．ここでは，積の交換律について証明を与えておきましょう．

$n \times m = m \times n$ の証明です．まず，n が何であっても $m = 1$ のときは両辺はともに n だから成り立ちます．次に，ある n, m に対して $n \times m = m \times n$ が成り立つと仮定しますと，分配律を用いて

$$n \times (m+1) = n \times m + n \times 1 = m \times n + 1 \times n = (m+1) \times n$$

が成り立ち，同じ理由から $(n+1) \times m = m \times (n+1)$ も成り立ちます．さて $n = m$ のとき仮定は成り立ちますから，加法の交換律の証明と同様に数学的帰納法を用いて，$n > m$ あるいは $n < m$ のいずれの場合も交換律が成り立つことがわかります．

4 | 0 の発見

何もない状態を 0 という数で表わすことはかなり早く小学校低学年で学びます．負数やその演算は小学校では学ばないことからするとやや不思議な気がしますが，0 の観念は日常にあふれており，子どもたちは慣れていることが大きいのでしょう．例えば，現代では歳を数えるのに満年齢を用いますから，人間は生まれてから 1 年未満では 0 歳です．また 1 日の始まりは午前 0 時です．気づきにくいことですが，これは 3 時間たつと 3 時であるように，時間と時刻が同じであるという利点があります．前話

で自然数は 1 から始まるとしましたが，0 から始めてもかまいません．足し算については，どんな自然数 n に対しても $n+0=n$ と定義します．

しかしながら，0 というのは決して当たり前のように知られていたものではありません．哲学や数学が盛んであった古代ギリシャやローマにおいても 0 の観念はなく，物事は 1 から始まるものでした．6 世紀に，それまでのローマ皇帝の年号に代えて，キリスト紀元（いわゆる西暦）が用いられるようになりました．キリスト紀元は，キリストが生まれたとされる年の翌年を（0 の観念がないため）「紀元 1 年」と定めたものです．後に，キリストが生まれたとされる年が誤っていることがわかり，キリストはキリスト紀元 1 年ではなく，その 4 年前に生まれたという妙なことになっています．またよく知られているように，暦の上で世紀というのは，紀元 1 年から始めて 100 年単位で数えたものです．このため各世紀の最初の年は＊＊＊1 年になったわけです．ちなみに，紀元 1 年の前年は紀元前 1 年（BC 1 年）であって，紀元 0 年という年はないのです．

0 は 6 世紀ごろインドで発見されたといわれています．仏教の根本思想である「空」の思想が根付いていた社会だからこそと考えられます．何もないことを 0 をもっていると考え，特別の記号を用いて表わすというのは，今日からみると当たり前のようですが，世界史的な発見だったのです．

5 | 負数と整数はどのように定義されるのか

自然数の引き算は,引く数が引かれる数より小さい場合は小学校低学年で学びます.例えば,「リンゴが5つあります.3つ食べました.いくつ残っているでしょうか」などです.しかし,「リンゴが3つあります.5つ食べました.いくつ残っているでしょうか」という問題は,生徒をいたずらに混乱させるだけで,出すことはできません.形式的には $5-3$ と $3-5$ には本質的な違いはないのですが,負の数を小学校で扱うのは難しいのでしょう.

抽象的な負数の定義は後回しにすることにして,負数のモデルをいくつか考えておきましょう.自然数の性質として,どんな数にも次の数があることを述べましたが,これを拡張して,どんな数にも「前の数がある」ような数の世界を考えてみましょう.1の前の数が 0 であり,0 の前の数が -1 です.このモデルは形式的でよさそうに見えるのですが,「前の数がある」というのは,自然数の場合の「次の数」とは異なり,その存在が元々保証されているわけではありません.正の数の場合,ものの個数と数え上げる数とは対応がつきますが,前の数を数えていっても,-5 個のリンゴとはなにかはよくわからないでしょう.

次のモデルは時間です.時間には,過去から未来への自然な向きがあります.今という時間を 0 あるいは 0 時とすれば,1 時間後,2 時間後はそれぞれ 1 時,2 時になります.このとき,1 時間前,2 時間前を -1 時,-2 時と考えることができるでしょう.さらに,例えば $3-5=-2$ という式を,3 時間後の 5 時間前は,今から 2 時間前であるというように解釈できます.このモ

デルは，すぐ上のものとは異なり，負数の存在も示しているように見えます．しかしよく考えると，それは無限の過去から未来に続く時間の流れの「存在」を暗に認めているからです．負数を考えるために，このような絶対時間というべき存在をもちだすことは，話があべこべのような気がします．

最後のモデルは，広い意味のお金です．お金の単位を決めておけば，所持しているお金の大きさを数で表わすことができます．一方，借金も広い意味でお金と考えましょう．そこで，例えば 1000 円の借金があることを，所持金が -1000 円であると考えるわけです．ただし，それだけでは違うタイプのお金に $-$ という印を付けているにすぎません．そこで，例えば現金を 200 円と借金 1000 円がある状態を考えましょう．この状態から，200 円を借金の返済の一部に充てれば，現金は 0 円，借金が 800 円という状態になります．これが $200 - 1000 = -800$ という式に当たると考えるのです．

負の数はアラビアで発見されたといわれます．中世のアラビアは商業が盛んで，当時のヨーロッパに比べ文化の面でも優れていたようです．代数学を英語で algebra というのはアラビア語に由来するのです．商業が盛んになれば，お金の出入りや収支のバランスなどを正確に表わす簿記のような技術が発達します．商業上の必要性から算術や方程式などが発達したのですが，負数の定義やその算術規則なども，それがさまざまな計算に「役に立つ」ことから自然に見出されてきたのです．

さて，負数をより抽象的に定義することを考えましょう．それには最後のお金のモデルから考えるのがよさそうです．負数の概

念がすでに存在するなら，現金が 200 円と借金 1000 円があるとき，引き算 $200 - 1000 = -800$ を用いて，実質的な借金は 800 円であるということができます．しかし，さしあたり負数とはなにかがわからなくとも，現金が 200 円と借金 1000 円がある状態を考えることは常に可能です．これと，現金が 400 円と借金 1200 円がある状態を比較すると，実質的な借金は同じであることがわかります．注意すべきことは，引き算というものを知らなくとも，足し算だけでこれを知ることができるということです．実際，現金 200 円と借金 1000 円のそれぞれに 200 円を加えると，それぞれ 400 円，1200 円になりますが，現金，借金に同じ金額を加えても，実質的な借金は変わらないからです．あるいはまた，$200 + 1200 = 400 + 1000$ であることとも同じです．このような実質的に同じ状態をまとめて 1 つの「数」で表わすと便利であることは想像できるでしょう．いま考えている例でいえば，借金の方が多いのでその「数」とは -800 になります．このような負数（厳密には負の自然数）と自然数および 0 を合わせて，整数というのです．

このことを一般に書いてみましょう．自然数の対 (n, m) を考えます．別の対 (n', m') が条件 $n + m' = n' + m$ をみたすとき，この 2 つの対 (n, m), (n', m') はなにか同じ状態を表わしているものだと考え，それが 1 つの整数を定めると考えます．この条件は，$n' > n$ であれば同じ自然数 k があって，$n' = n + k$, $m' = m + k$ が成り立つことです．例えば

$$(1, 4), \quad (2, 5), \quad (3, 6), \quad \cdots$$

をまとめて 1 つの整数であると考え，この例の場合は -3 という記号で表わします．1 つの対 (n, m) はある整数を定めるのですが，対の記号のままではわかりにくいので，この整数を $n-m$ という記号で表わします．上の条件をみたす対たちは同じ整数を定めるわけですから，等号 $n-m = n'-m'$ が成り立ちます．つまり
$$1-4 = 2-5 = 3-6 = \cdots$$
です．$n-m$ を n 引く m と呼びます．$n > m$ のとき，$n-m$ は小学校で学ぶ引き算に他なりませんが，$n < m$ のときの $n-m$ はここで初めて出てきた記号であることに注意してください．対 (n, m) で表わされる整数を a とします．$n > m$ とき a は正であるといい，$n < m$ とき a は負であるといいます．また $n = m$ のとき (n, n) は $(0, 0)$ と同じですから，a は 0 に他なりません．また $n < m$ のとき，$m = n+k$ となる自然数 k がありますが，このとき $n-m = 0-k$ であることが定義からわかります．$0-k$ あるいは $(0, k)$ という整数を単に $-k$ と表わすことにしますと，どんな負の数もこのような形に表わせることがわかります．逆に正の数は，ある自然数 k によって $k-0$ と表わせることですから，単に自然数 k のことと思ってかまいません．ここで述べたことは抽象的でややわかりにくいかもしれませんが，負数の存在をあらかじめ仮定しないで議論をするには，このような方法しかないのです．

さて整数をこのように定義すると，その足し算は自然に定義できます．まず，対 (n, m) と (n', m') の和を $(n+n', m+m')$ と

定義します.お金の場合だと,現金は現金どうし,借金は借金どうしの和をとるわけです.このとき,上で同じものと定めた対の関係が保たれていることは簡単に確かめられます.これで整数の足し算が定義できます.前段で,$(n, 0)$ および $(0, m)$ をそれぞれ n,$-m$ と表わすとしました.また,(n, n) は $(0, 0)$ と同じですから前に述べたように 0 になります.このとき

$$(n, m) = (n, 0) + (0, m)$$

ですから,上の記号の約束から

$$n - m = n + (-m)$$

になります.なんだか当たり前のことをいっているようですが,左辺は引き算ですが,右辺は負数 $(-m)$ を足しているのです.また $(n, 0)$ と $(0, n)$ の和は (n, n) つまり 0 ですから

$$n + (-n) = 0$$

が成り立ちます.つまり $-n$ とは n に加えると 0 となる数と考えることができます.また,a が負数のときも $-a$ という整数を考えることができます.a が対 (n, m) で表わされるとき,(m, n) で表わされる整数を $-a$ とすればよいのです.a が自然数 k のとき,これは上で定義した負数 $-k$ です.容易にわかることですが,a が負であっても,$a + (-a) = 0$ は成り立ち,逆にこの式から $-a$ という数を決めることができます.このように負数が「当然」もつと思われる性質は,すべて上のような抽象的な定義から導けるのです.特にこの加法が自然数のときと同じよう

に交換律と推移律をみたすことも，定義に戻って考えれば（手間はかかりますが）簡単に確かめることができます．

6 | マイナス×マイナスはなぜプラスか

最後に 0 や負数の掛け算をどうするか考えましょう．a が負数であっても，n が自然数のときは

$$a \times n = a + \cdots + a, \quad n \text{ 個の和}$$

のように加法を用いて定義するのが自然でしょう．しかし，$a \times (-1)$ を同じように定義しようとすると，a を -1 回加えるという訳のわからないことになります．いろいろなモデルで考えても，ある数 a に負の数を掛ける自然な定義は見当たりません．もし，すでにわかっていることから直接的に定義できない場合，どうすればよいでしょうか．つまり，間接的な定義をする場合，なにを頼りにすればよいのでしょうか．例えば，整数の積について交換律が成り立ってほしいとするなら，$3 \times (-1)$ の定義は，

$$3 \times (-1) = (-1) \times 3 = -3$$

とするしかありません．整数の積について，交換律や推移律などの演算規則が成り立たないようだと積を定義する意味もありませんから，演算規則が成り立つように定義できることが絶対の条件になります．もう少し詳しく述べます．負数の場合も含めた積 $a \times b$ を定義したいとします．$b \geq 0$ のときは上述のような加法による直接的な定義があります．$b = 0$ のときは $a \times 0 = 0$ と

定義するのが自然です．b が負のときは，ある自然数 n があって $b = -n$ と表わせます．このとき積を定める直接的な基準はないのですが，1つの候補として

$$a \times (-n) = -(a \times n)$$

と定義しましょう．特に $a \times (-1) = -a$ です．これはなんだか当たり前のことみたいですがそうではありません．右辺の $-a$ というのは整数の加法だけから定義されていますが，それを用いて積が定義されているからです．このように定義したとき，交換律などの自然数の演算規則がそのまま成り立つことが確かめられるなら，定義は妥当であるといえます．

それでは，上のように定義したとき演算規則が成り立つことをいくつか確かめましょう．まず，$-a$ という数は $a + (-a) = 0$ となる数でした．a に対しこの式をみたす数はただ1つであることも確かめることができます．特に自然数 n に対し $-(-n) = n$ になります．実際，$a = -n$ のとき $(-n) + \{-(-n)\} = 0$ ですし，一方 $n + (-n) = 0$ ですから，$-(-n) = n$ が成り立ちます．これより，n, m が自然数のとき

$$(-n) \times (-m) = -\{(-n) \times m\} = -(-nm) = nm$$

が成り立ちます．特に $(-1) \times (-1) = 1$ です．このとき a, b が正負のいかんにかかわらず，乗法の交換律 $a \times b = b \times a$ が成り立つことは定義から簡単にわかります．次に分配律ですが，交換律が成り立つことから $a \times c + b \times c = (a + b) \times c$ の形の場合を示せばよいでしょう．$c \geq 0$ のときは定義から明らかです．n が

自然数で $c = -n$ のときは $a \times (-n) = -(a \times n)$ ですから

$$a \times (-n) + b \times (-n) = \{-(a \times n)\} + \{-(b \times n)\}$$
$$= -(a \times n + b \times n) = -\{(a+b) \times n\} = (a+b) \times (-n)$$

よりやはり成り立ちます．さらに，乗法の推移律なども成り立つことを示せますが，ほとんど同様なので省略します．

さて，負数の積を $a \times (-n) = -(a \times n)$ と定義すると演算規則が正しく成り立つことを見ましたが，それだけで定義として十分なのかという疑問は残ります．つまり，そのような定義は必然的であるのか，あるいはいいかえますと演算規則が成り立つような別の定義はないのかという疑問です．これを確かめるには，負数の積の「なんらかの」定義が，演算規則が正しく成り立つよう定義されていると仮定すると，それは上の定義 $a \times (-n) = -(a \times n)$ と一致することをいえばよいのです．もちろんその積は，正の数については普通の積と同じとします．そのような積を区別するため，ここだけの記号として $a \otimes b$ と表わしましょう．まず分配律から，任意の数 a, b に対し

$$a \otimes 0 + a \otimes b = a \otimes (0 + b) = a \otimes b$$

となるので，$a \otimes 0 = 0$ が成り立ちます．従って交換律から $0 \otimes a = 0$ です．さらに分配律から

$$a \otimes b + a \otimes (-b) = a \otimes \{b + (-b)\} = a \otimes 0 = 0$$

が成り立ち，$a \otimes (-b) = -(a \otimes b)$ となります．特に $a = m$, $b = n$ が自然数のときは

$$m \otimes (-n) = -(m \otimes n) = -(m \times n) = m \times (-n)$$

であり，交換律から $(-n) \otimes m = (-n) \times m$ も成り立ちます．
従ってともに負数の場合も

$$(-m) \otimes (-n) = -\{(-m) \otimes n\} = -\{(-m) \times n\} = (-m) \times (-n)$$

が成り立ち，2つの積は一致するのです．以上のことから，負数を含む整数に対し，演算規則が正しく成り立つような積を「定義することができ」，しかも，そのような積は「ただ1つに限る」ことが示されたことになります．特に，$(-1) \times (-1) = 1$ であることは，そのように選んだというより必然の結果なのです．

7 | $(-1) \times (-1) = 1$ が成り立つ数のモデル

r を自然数とするとき，自然数 n を r で割った余りに注目するのは，整数論において大変重要な手段です．自然数は無数にありますが，r で割った余りは 0 から $r-1$ までの r 個しかありません．r が小さいときは，場合分けして考えることがいろいろな問題を解くとき特に有効です．ここでは $r = 3$ とし，0, 1, 2 の3つの数を考えましょう．この3つの数に通常のように足したり，掛けたりしてから3で割った余りを新しく加法，および乗法と定義します．通常の加法，乗法と区別するため，ここだけの記号としてこの演算を $\oplus$, $\otimes$ と表わすこととします．また，ここでの「数」0, 1, 2 も普通の自然数と区別しておくため，$\underline{0}, \underline{1}, \underline{2}$ と表わしましょう．このとき例えば $1 + 2 = 3$ から $\underline{1} \oplus \underline{2} = \underline{0}$, $2 \times 2 = 4$ から $\underline{2} \otimes \underline{2} = \underline{1}$ が導かれます．下の表の左は加法，右

は乗法を表わしています．

⊕	0	1	2
0	0	1	2
1	1	2	0
2	2	0	1

⊗	0	1	2
0	0	0	0
1	0	1	2
2	0	2	1

この表からわかるように，これら3つの「数」は加法と乗法について閉じていて，さらに減法や 0 でない「数」による除法も可能であることがわかります．このとき，$\underline{1}\oplus\underline{2}=\underline{0}$ だから，負数の定義から $\underline{2}=-\underline{1}$ であると考えてよいでしょう．一方，$\underline{2}\otimes\underline{2}=\underline{1}$ だから

$$(-\underline{1})\otimes(-\underline{1})=\underline{1}$$

が成り立ちます．3つの「数」$\underline{0}, \underline{1}, \underline{2}$ のこのような算術は，自然数の算術規則をそのまま受け継いでいます．また，自然数の等式は，そのままこのような「数」の等式を与えます．従って，このような「数」の算術で $(-\underline{1})\otimes(-\underline{1})=\underline{1}$ が成り立つならば，自然数の算術でも $(-1)\times(-1)=1$ でなければならないことがわかります．

8 | 発見と創造

0 はインド人によって発見されたといいますが，ここで発見という言葉にこだわってみましょう．何もないことを，0 が存在するというふうにインド人たちが考えたといいましたが，発見というのは「存在」するということ，あるいはそのあり方に深く関

わっています．0 に限らず，負数や後の話で考える実数や複素数なども，その存在のあり方が初学者にとって常に難題なのです．

私たちと存在に関わる言葉を挙げてみましょう．

発見：これまで知られてなかったことを見つける．

創造：これまでなかったもの，例えば芸術作品を作り上げる．

発見とは，私たちとは独立に存在していたなにものかを見つけることです．ガリレオは望遠鏡を用いて，木星にもその周りを回る衛星，つまり木星の月があることを知り，これが地動説を考える契機になったといわれています．これはまさに発見の典型的な例でしょう．物理的な自然界は私たち，あるいは私たちの心と独立に存在すると考えられています（これを認めないような哲学もありますがこのさい無視します）．従って自然界の法則も実在するものと考えるのです．実在するものを見つけることは発見ですから，ニュートンは万有引力を発見したのであって，発明したのでも創造したのでもないのです．発見には，自然現象ではなく，人類が創り出したものを改めて見つける場合もあります．もし，ジンギスカンの墓（これまでは存在しないとする説が多い）が見つかれば，立派な発見です．

一方，モーツアルトの交響曲やショパンのピアノ曲，シェイクスピアが創造したハムレットのような人物像やゴッホの絵画も別の意味で存在します．これらは物理的な実在ではないし，500 年前にはどれも存在していません．これらは，芸術家の心によって創造され，多くの人たちに認められることにより確かに存在するといえるのです．

数学ではどうでしょうか．数学の定理には珠玉のような美しい

ものが多くあります．よく知られたピタゴラスの定理もそうでしょう．それらは，人間が創り出したものにしては，美しく，よく出来すぎているのです．数学の専門家の多くは，数学の理論や定理などは，私たちから「どこか向こうの世界」に存在して，私たちの知的活動がそれらを「発見」するのだと考えます．ちょうど母岩の中に埋もれたダイヤを発見するのと同じように．もちろん，どこか向こうの世界といっても，物理的世界ではなく，ギリシャの哲学者プラトンはそれをイデアの世界と呼びました．プラトンは，紙の上にあまり正確ではない直線や三角形を描いて幾何の定理が証明できるのは，理想的な直線や三角形がイデアの世界に存在するからであると考えたのです．数学をこのように考える立場をプラトン主義といい，数学者の多くは無意識的にせよこの立場を信じているようです．

　もう一つ，数学が私たちの心の向こう側にあると考える人が多い理由は，物理的実在を解き明かす現代物理学が，あまりにも数学に分かちがたく依存しているからでしょう．それは数学が物理学の「言語」として機能しているというより，アインシュタインの相対性理論のように数学と物理学は一体となっているのです．このことからも私たちは数学が実在を「反映」している証拠であると考えるのです．

　数学のあり方に関する別の立場が形式主義と呼ばれるものです．言語というものを考えてみましょう．言語は人間の精神活動そのものといってもよく，外部の世界と深く関わってはいますが，基本的には独立のものです．言語を正しく用いるには一定のルール（文法）がありますが，そのルールに従う限り，どのよう

な使い方をするかという決まりはありません．それは物理学を記述もできるし，美しい詩を書くこともできます．数学も基本的には同じであって，言語，論理に加えいくつかの記号（例えば 0 などもそのひとつです）を一定のルールに従って展開していくものと考えるのが形式主義です．そのようなルールには，それぞれの数学理論に応じていくつかの公理と呼ばれるものがあります．公理たちは互いに矛盾していないことが必要ですが，矛盾していなければそこから生み出されるものは「存在する」と考えます．そのような理論の典型はユークリッド幾何に見られます．形式主義では，理論や定理がどのように発展するのかは，私たちの側の問題であって，外部とは独立であると考えるのです．例えば，フェルマーの定理などは数百年にわたる数学者の格闘の結果，最後にワイルズによって証明されたのですが，その間，数学外からの影響はほとんどといってよいほどなかったのです．もちろん，物理的世界と数学の関係はさまざまであって，数学者たちの考えも，数学の分野や，プラトン主義あるいは形式主義といった立場の違いから一概にはいえません．

　それでは，0 は発見されたのでしょうか？　これをどう考えるかはまさにプラトン主義，形式主義いずれの立場に立つかによります．形式主義では，数学的概念，理論や定理の「存在」はあくまで内部的基準，つまりルールに従っていて，最低限なんらかの矛盾をきたさないことで保証されます．つまり新しい概念などは，発見されたのではなく，どちらかといえば「創り出された」と考えるのです．0 や負数は，インドやアラビアの社会の中で，社会の必要性から「創りあげられた」ものと考えるのが自然と思

われます．さらに，0 や負数を含めた整数の世界が創造され，それが発展して整数論という大きな体系に進化したのです．そこには，隠された多くの定理たちがあって，それらを見つけ出すことは「発見」といってよいでしょう．

第III話 | *Episode III*

分数と有理数
分数の割り算はなぜひっくり返して掛ける？

1 | 分数と割り算は同じものか

　分数は小学校の中学年で学ぶのですが，多くの生徒たちが「算数嫌い」になる最初の躓きの石となっているようです．1999年に『分数ができない大学生』という本（岡部恒治，戸瀬信之，西村和雄編，東洋経済新報社）が出版され，大学生たちに行った簡単なテストの結果，2割の学生が分数の単純な計算もできないことがわかり大きな話題となりました．そこで指摘された問題点は，ゆとり教育の弊害や理系の入試科目の減少などで，分数計算を必要とする物理や化学を学ぶ学生が少なくなり，極端な場合，小学校を卒業してから分数の計算をほとんどしたことがない学生もいることなどがあります．

　しかしそもそもの問題は，学生たちが「分数が嫌い」になってしまうという現状でしょう．実は，分数というのは恐ろしく抽象的な概念なのです．生徒たちは分数とは何なのかわからないまま計算規則だけ反復練習させられ，やがて分数嫌いになって，覚えたこともすぐに忘れてしまうのです．分数嫌いにならないためには，少なくとも，分数が何を表わし，なぜ必要なのかを「納得」しなければなりません．

分数と似たものに自然数の割り算があります．ところが分数と割り算は本質的に異なっていて，これらが同じように見えることが，逆に分数の理解を妨げているように思われます．自然数の割り算は簡単です．$10 \div 3$ は 3 余り 1 ですが，これは 10 から 3 は 3 回引くことができ，残りが 1 だからです．つまり，割り算は本質的に引き算の問題と思うことができます．しかし，分数は引き算に帰着することはできない新しい「なにか」なのです．分数では 10/3 と 20/6 は「等しい」と教わります．しかし $10 \div 3$ と $20 \div 6$ では，商はともに 3 ですが，余りは 1 と 2 で異なっています．それでは 10/3 と 20/6 が「等しい」とはどういう意味なのでしょうか．「何が」等しいのか，考え出すとわからなくなるのも無理はありません．

　分数が抽象的な概念であるといいましたが，自然数自身も順序や物の個数から抽象化して得られたものです．逆に，単位となるものの大きさや量を選んでおけば，抽象的な自然数によって，いろいろなものの大きさや量を表わすことができます．3 メートルの棒や，10 グラムの塩，あるいは 100 円などです．もちろん，ものによっては端数の出ることがありますが，そのような場合も，単位の長さを変えれば，（実用の範囲内で）自然数で表わされます．例えば 0.3 メートルの棒は 30 センチメートルと表わせます．このように大きさや量が数で表わされる具体的な対象をモデルと呼びましょう．前話でも負数をイメージするため，いくつかのモデルを考えました．分数の場合は，棒の長さのようなモデルがよく用いられます．棒の長さの場合，例えば 10 メートルの棒を 3 等分した長さの棒が存在することは直感的には明らかに見えま

す．この棒の長さを表わすのが 10/3 という「分数」であると教えるのです．20 メートルの棒を 6 等分するのは，まず 2 等分してから 3 等分すればよいから，棒の長さの意味では $10/3 = 20/6$ が成り立ちます．また $10/3 + 1/3 = 11/3$ であるのは 3 等分したものどうしを加えるのは，加えてから 3 等分すればよいからであり，分母，分子をそれぞれ加えた $(10+1)/(3+3) = 11/6$ ではないことは棒の長さから考えれば明らかです．しかし注意が必要なのは，これはあくまで棒の長さのような分数の 1 つのモデルでいえることであって，その基になっている抽象的な分数がわかっているわけではないということです．別のモデルでいうと，例えば 10 円というお金を 3 等分できるでしょうか？ 10/3 円とはどういう意味があるのでしょうか？ あるいは抽象的な数 10 を 3 等分できるでしょうか？ これは，前話で考えた「リンゴが 3 つあります．5 つ食べるといくつ残るでしょうか？」という質問と似ています．棒の長さの場合も，10 メートルの棒を 3 等分した長さの棒が「本当に」存在するのかと問われると，実は返答に困るのです．

　等分することがまったくできない場合や，棒の長さのように「できそう」な場合を含めて，等分するということの意味を抽象化してみましょう．等分ということが実際にできる，できないにかかわらず，「10 円を 3 等分できるか」という問い自体はいつでも考えることができます．これは 3 人がグループとして 10 円もっているとき，1 人あたりいくらもっていると考えられるか，と問うものとしてもよいでしょう．これは現実にありうることです．また，6 人がグループとして 20 円もっているとき，1 人あたり

いくらもっているか，という問いも考えられます．もし，これらの問いに答えがあるとするならそれらは「等しい」と考えるのが自然です．従って，これらの2つの問いの答えに当たる「新しい数」というものを考えたいなら，それは上のような「等しい」という条件をみたさなければなりません．この新しい数を，最初の場合は10/3，後の場合は20/6と表わせば，10/3 = 20/6でなければならないのです．逆に，この条件をみたせば，上のような問いの答えの資格をもっていると思ってよいでしょう．

2 | 分数と有理数の正式な定義

そこで，形式的な分数の定義を与えます．分数とは自然数 m と $n \neq 0$ を $\frac{m}{n}$ のように書いたものです．これは m/n と表わしてもかまいません．また同じようなものに比 $m : n$ があります．記号はともかく，さしあたりは2つの自然数の対 m, n を考えているにすぎません．2つの分数 $\frac{m}{n}, \frac{m'}{n'}$ は，$nm' = n'm$ のとき等しいと「約束」し，$\frac{m}{n} = \frac{m'}{n'}$ と表わします．この等号は約束ですから，なにが等しいのかというような具体的「意味」はありません．その意味は分数をいろいろなモデルで用いるときにはじめて現われてきます．例えば，比の場合だと比の「値」が等しいことになります．これは微妙でわかりにくい点なので，後でまた触れることにします．特に k が自然数のとき

$$\frac{km}{kn} = \frac{m}{n}$$

が成り立ちます．これは分母，分子に共通因子 k があれば「通分」してもよいことを表わしています．ここで，話がすこしくどくなりますが，分数 10/3 と 20/6 は「等しい」といっても，見た目はやはり異なっていることに注意しましょう．ですから，上の等しいとは「なんらかの意味で」，あるいは「少し弱い意味で」等しいということです．数学では，これを「同値である」といいます．従って，2 つの分数 $\dfrac{m}{n}, \dfrac{m'}{n'}$ は，$nm' = n'm$ のとき同値であると呼ぶのが正確ないいかたです．見た目は違うが同値な無数の分数

$$\frac{10}{3}, \frac{20}{6}, \frac{30}{9}, \cdots$$

たちを無理やり等しいと思って得られる新しい数を「有理数」と呼びます．ですから $10/3 = 20/6$ というのは，厳密にいえば，分数 10/3 や 20/6 を有理数と見れば等しいといっているのです．一旦，有理数がこのように定義されたなら，逆に見ると，分数というのはそれ自体は数というより，1 つの有理数という本体を表わす多くの顔の一つなのです．このような定義は抽象的でわかりにくいのですが，前話の整数の定義でも同じようなことをしていました．自然数の対 m, n を $n - m$ のように表わしたものを考え，$n + m' = m + n'$ のとき $n - m = n' - m'$ と約束し，このように表わされる「数」を整数と呼んだのです．

さて，分数の和を定義しましょう．2 つの分数の分母が等しい場合は

$$\frac{m}{n} + \frac{m'}{n} = \frac{m + m'}{n}$$

と定め，一般の場合は，分母を揃えてから上のように足す，つ

まり
$$\frac{m}{n} + \frac{m'}{n'} = \frac{mn'}{nn'} + \frac{nm'}{nn'} = \frac{mn' + nm'}{nn'}$$

と定義します．棒の長さのモデルの場合，この定義はもちろん長さの和になっていることは明らかです．しかし，抽象的に定義された分数の和をこのように定義する理由はなんでしょうか．実は，分数の加法というより，その本体である有理数の加法を定義したいからです．そこで，2 つの有理数 q, q' を表わす分数を，それぞれ $\dfrac{m}{n}$, $\dfrac{m'}{n'}$ のように選んでおきます．このとき，$q + q'$ とは，分数 $\dfrac{m}{n} + \dfrac{m'}{n'}$ で表わされる有理数であると定義します．このような定義がうまくいっていることを見るには，有理数を表わす分数をどのように選んで足し算をしても，結果が同じであることを見ればよいのです．有理数 q と q' を表わす分数を，それぞれ 2 通り，$\dfrac{m_1}{n_1}$, $\dfrac{m_2}{n_2}$ および $\dfrac{m'_1}{n'_1}$, $\dfrac{m'_2}{n'_2}$ ととったとしましょう．定義より $m_1 n_2 = n_1 m_2$ および $m'_1 n'_2 = n'_1 m'_2$ です．このとき

$$\frac{m_1}{n_1} + \frac{m'_1}{n'_1} = \frac{m_1 n'_1 + n_1 m'_1}{n_1 n'_1}, \quad \frac{m_2}{n_2} + \frac{m'_2}{n'_2} = \frac{m_2 n'_2 + n_2 m'_2}{n_2 n'_2}$$

ですが，これらが有理数としては等しいことは，次の式が成り立つことからわかります．

$$(m_1 n'_1 + n_1 m'_1)(n_2 n'_2) = m_1 n'_1 n_2 n'_2 + n_1 m'_1 n_2 n'_2$$
$$= n_1 m_2 n'_1 n'_2 + n_1 n_2 n'_1 m'_2 = (m_2 n'_2 + n_2 m'_2)(n_1 n'_1)$$

またこの加法が，推移律や交換律などの自然数の加法の演算規則をそのままみたしていることは，定義に従えば簡単に示すことが

第III話 分数と有理数

できますが詳細は省略します．ちなみに，分数の加法を分子どうし，分母どうしの和にしてはいけないと学びますが，「なぜ」いけないかまでは教わりません．$1/2 + 1/3 = (1+1)/(2+3) = 2/5$ としてはいけない理由は，これが有理数の和を定めてくれないからです．実際 $1/2 = 2/4$ ですが，$2/4 + 1/3 = (2+1)/(4+3) = 3/7$ は $2/5$ にはなりません．

3 | 分数で割るとはどういう意味なのか

次に分数の掛け算を考えましょう．抽象的な分数の場合，掛け算に意味を求めることは定義する上であまり役に立ちません．掛け算がどのようであるべきかを決めるのは，やはり演算規則が自然数の場合と同様に成り立つことです．a が分数であっても $a \times 1 = a$ と定義するのは自然でしょう．また n が自然数のとき，$a \times n = a + \cdots + a$（$n$ 個の和）になります．これは分配律

$$a \times n = a \times (1 + \cdots + 1) = a \times 1 + \cdots + a \times 1 = a + \cdots + a$$

から得られます．この式から特に

$$\frac{1}{m} \times n = \frac{1}{m} + \cdots + \frac{1}{m} = \frac{n}{m}$$

が得られます．分数 $\dfrac{n}{m}$ の意味は，n を m 等分することだったのですが，それが n に分数 $\dfrac{1}{m}$ を掛けることであるといっているのです．また

$$\frac{m}{n} \times n = \frac{m}{n} + \cdots + \frac{m}{n} = \frac{nm}{n} = m$$

が成り立ちます．つまり分数 $\dfrac{m}{n}$ とは n 倍すると m になるような数，あるいは方程式 $nx = m$ をみたす数であると特徴づけることができます．ただし少し注意が必要です．方程式 $nx = m$ をみたす分数は無数にあります．k を勝手な自然数とするとき，$\dfrac{km}{kn}$ はすべて解になるからです．これらの分数は有理数としては同じだから，方程式 $nx = m$ というのは有理数で考えればただ1つの解をもつことがいえます．そこで一般の分数どうしの掛け算はどうなるか調べましょう．掛け算の演算規則として，足し算と同じように交換律と推移律が成り立つことを用いますと

$$\left(\dfrac{m}{n} \times \dfrac{m'}{n'}\right) \times nn' = \left(\dfrac{m}{n} \times n\right) \times \left(\dfrac{m'}{n'} \times n'\right) = mm'$$

が成り立ちます．これは

$$\dfrac{m}{n} \times \dfrac{m'}{n'} = \dfrac{mm'}{nn'}$$

であることを意味します．つまり分数の積は，分子は分子どうしの積，分母は分母どうしの積で与えられるのです．この定義は当たり前のようですし，掛け算の「面積モデル」で考えても納得できます．たて $\dfrac{m}{n}$ メートル，よこ $\dfrac{m'}{n'}$ メートルの長方形の面積を nn' 倍すると mm' 平方メートルであることは直感的にもわかることです．しかし抽象的な分数の場合，自然数の場合から演算規則に従って，一歩一歩定義していくのが正しい方法です．また，足し算の定義と同様に，分数の掛け算は有理数の掛け算を定めることがわかりますが，詳細は略します．

最後に分数の割り算について考えましょう．これがわかりにくいのは，よいモデルがないこともありますが，実は割り算という

言葉のイメージにもよっています．自然数の場合，割り算とは割られる数の中に割る数が「何度」含まれるかを求めるものです．しかしこのような割り算を分数でやるとしましょう．例えば，$1 \div 1/2$ の場合 1 の中に $1/2$ がどれだけ含まれるかというと 2 回だから答えは 2 です．しかし，$1/3 \div 1/2$ とはなにかをこのように考えるのは困難です．自然数の割り算では割り切れない場合もありますから，等分割できるように考え出されたのが分数です．前に述べたように，3 等分するというのは，$1/3$ を掛けることと思えますから，分数まで考えれば「割り算」というのは考えなくてもよくなったのです．となると，分数で「割る」というのはなにかを考えると頭が混乱するのも無理はありません．

　自然数の割り算，例えば $6 \div 2$ の意味ははっきりしています．しかし上で述べたように，これを分数の世界にそのまま広げることはできません．$1/3 \div 1/2$ というような「割り算」は新しく定義するしかないのです．前に，どんな自然数 n, m に対しても $nx = m$ となる分数 x は必ず存在し，有理数と考えればただ 1 つに定まることを見ました．もちろん $x = \dfrac{m}{n}$ です．それでは，a, b が分数のとき，$ax = b$ となる分数 x はあるでしょうか．もしこのような x があるなら，それを b 割る a と呼ぶことにします．a, b が自然数で，b が a で割り切れるときは，これは普通の割り算に他なりません．記号としては，$b \div a$ と書いてもよいのですが，前述したように誤解しやすいので注意が必要です．もう 1 つの記号は b/a あるいは $\dfrac{b}{a}$ です．これは「分数分の分数」で，例えば $(1/3)/(1/2)$ のようなものです．

従って分数の割り算 $\dfrac{m'}{n'}$ 割る $\dfrac{m}{n}$ とは

$$\frac{m}{n} \times x = \frac{m'}{n'}$$

となる分数 x を求めることになります．この x を求めていきましょう．分数においても加法，乗法の演算規則が成り立ちます．このとき

$$\frac{n}{m} \times \frac{m'}{n'} = \frac{n}{m} \times \left(\frac{m}{n} \times x\right) = \left(\frac{n}{m} \times \frac{m}{n}\right) \times x = 1 \times x = x$$

から x が求まります．ですから分数の割り算は

$$\frac{m'}{n'} \div \frac{m}{n} = \left(\frac{m'}{n'}\right)/\left(\frac{m}{n}\right) = \frac{m'}{n'} \times \frac{n}{m}$$

のようにひっくり返して掛けることになるのです．分数の掛け算は有理数の掛け算を定めることは前に述べました．分数の割り算も同じように有理数の割り算を定めます．$p \neq 0$, q が有理数のとき，$px = q$ をみたす有理数 x がただ 1 つあることがわかります．この x を q 割る p といい，q/p あるいは $\dfrac{q}{p}$ と表わします．負の分数には触れませんでしたが，自然数から整数を作ったのと同じように定義することができ，さらに負の分数で表わされる有理数も定義できます．負の数も含めた有理数全体を考えますと，足し算，引き算，掛け算，（0 でない数による）割り算が自由にできることがわかります．

4 | 分数とユークリッド幾何 —— 線分を n 等分する

分数とはなにかを議論したとき，10 メートルの棒を 3 等分した長さの棒が本当に「存在」するかどうかを考えました．この点についてもう少し考えてみましょう．数学的に考えるため，棒ではなくて直線あるいは線分で議論をします．単位となる長さの線分を定めておけば，その 2 倍，3 倍などの長さの線分を考えることができます．単位となる線分の長さを 1 としておけば，長さが $2, 3, \cdots$ の線分があることになります．直線上に基準となる点（原点）と，原点を一方の端とする単位の線分を定めておけば，原点からの距離が $1, 2, \cdots$ の点を定めることができます．つまり自然数に対応する直線上の点が定まるわけです．それでは，分数に対応する点を定めることはできるでしょうか．例えば，勝手な長さの線分を 3 等分できるでしょうか．古代ギリシャの人々は，ユークリッド幾何を用いてこれが可能であることを知っていたのです．中学で学ぶ平面幾何を少し思い出しましょう．

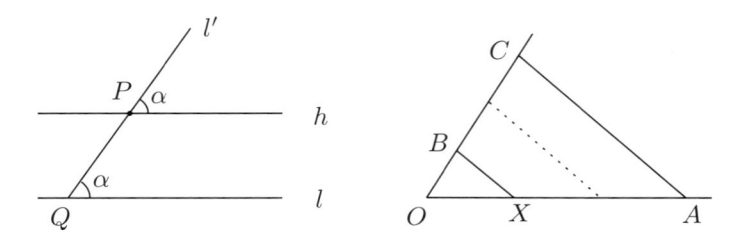

直線 l と l 上にない点 P に対し，P を通り l に平行な直線が存在します．これを見るため，左図のように l 上の適当な点 Q をとり，Q と P を通る直線を l' とします．l と l' のなす角を α

とすると，この角を，点 P を頂点とし1辺が l' となるように移動することができます．このときもう1つの辺 h と l は同位角が等しいので平行になります（以上のことは第Ⅷ話2節に詳しく説明をしています）．さて与えられた線分を3等分してみましょう．前頁の右図のように，3等分したい線分 OA に対して，点 O を通り線分 OA とは異なる直線 l をとっておきます．l 上に2点 B, C を線分 OC の長さが線分 OB の長さの3倍であるようにとります．点 B を通り，直線 AC と平行な直線と線分 OA の交点を X としますと，三角形 $\triangle OXB$ と三角形 $\triangle OAC$ は明らかに相似です．従って相似比より線分 OX の長さは線分 OA の長さの 1/3 になるのです．

この議論を繰り返せば，直線上にはすべての分数を表わす点が存在することが容易にわかります．直線上には分数が表わす点が「十分細かく」存在するわけです．例えば 1/3 のどんな近くにも 11/30, 101/300 のような点たちがあります．つまり直線上には分数で表わされる点が「密」につまって並んでいるのです．

さて，2つの線分の一方が他方の長さの分数倍になっているとしましょう．これは2つの線分の長さの「比」が自然数の比になっていることと同じことです．このようなとき，2つの線分の長さは通約可能であるといいます．2つの線分の長さが通約可能であるかどうか，また通約可能なとき，その比を求めるにはどうすればよいでしょう．2つの線分の長さをそれぞれ a_1, a_2 とし，$a_1 > a_2$ としましょう．a_1 から a_2 を繰り返し引いていくと，それ以上引けなくなるところが現われます．つまり，ある自然数 n_1 があって

$$n_1 a_2 \leq a_1 < (n_1 + 1)a_2$$

となります. $a_1 \neq n_1 a_2$ のときは新しく $a_3 = a_1 - n_1 a_2$ とおくと $a_2 > a_3 > 0$ となります. a_2, a_3 に対し上と同じことをします. つまり, $n_2 a_3 \leq a_2 < (n_2 + 1)a_3$ となる自然数 n_2 が定まり, $a_2 \neq n_2 a_3$ であれば $a_4 = a_2 - n_2 a_3$ によって a_4 を定めます. これを繰り返し

$$a_1 = n_1 a_2 + a_3$$
$$a_2 = n_2 a_3 + a_4$$
$$\vdots \quad \vdots$$
$$a_{i-2} = n_{i-2} a_{i-1} + a_i$$

によって a_i を定めていきましょう.

この操作を続けて, ある自然数 k のとき初めて $a_k = 0$ になったとします. このとき $a_{k-1} = u \neq 0$ とおくと,

$$a_{k-2} = n_{k-2} a_{k-1} + a_k = n_{k-2} u$$

ですから a_{k-2} も u の自然数倍になります. 従って定義式より $i < k$ のとき a_i はすべて u の自然数倍です. 特に a_1, a_2 も u の自然数倍だから, a_1 と a_2 の比は自然数の比になるので, a_1 と a_2 は通約可能です.

逆に a_1 と a_2 の比が自然数の比であると仮定します. つまり, ある自然数 n, m と共通の長さ u によって $a_1 = nu$, $a_2 = mu$ と表わされるとします. このとき定義から a_i たちはすべて u の自然数倍であり, u の自然数倍ずつ単調に減少していきますから

a_i はいずれは 0 になります．つまり通約可能であるかどうかは，上のような操作が有限回で終わるかどうかと同じことなのです．

2つの数が通約可能かどうかを判定し，またその比の値を求める上のような方法は，ギリシャ時代より以前から知られていたと思われますが，今日ではユークリッド互除法として知られています．特に，a_1, a_2 が初めから自然数のときはもちろん通約可能ですが，上のような $a_{k-1} = u$ は a_1, a_2 の最大公約数であり，最大公約数を求めるアルゴリズムとしても知られています．

2つの数 a_1, a_2 からユークリッド互除法によって得られる数列 a_i について，その比 a_1/a_2 をいわゆる連分数を用いて表わすことができることに触れておきましょう．a_i, n_i が上のように定まるとき，

$$\frac{a_i}{a_{i+1}} = n_i + \frac{a_{i+2}}{a_{i+1}}$$

ですから，これを繰り返し用いると

$$\frac{a_1}{a_2} = n_1 + \frac{a_3}{a_2} = n_1 + \frac{1}{n_2 + \frac{a_4}{a_3}} = \cdots$$

つまり連分数

$$\frac{a_1}{a_2} = n_1 + \cfrac{1}{n_2 + \cfrac{1}{n_3 + \cfrac{1}{n_4 + \cdots}}}$$

が得られます．このとき a_1, a_2 が通約可能であることと，この連分数が有限の連分数であることが同値になります．

直線上には分数で表わされる点が「密」につまっていることから，ギリシャ人たちははじめのころは，どのような2つの数も通約可能であると信じていたようです．実用的な問題のときはそれで困ることはなかったでしょう．2つの数が通約可能であるということは，その比の値が分数となることでした．しかし，これは直線上のどんな点も分数で表わされることを意味するわけではありません．ギリシャ人たちも認めざるを得なくなったように，正方形の1辺と対角線は通約可能でない，つまりその比 $\sqrt{2}$ は分数では表わせないのです．

　分数，あるいはいいかえると有理数の範囲内では，数と直線上の点の対応は明確なのですが，有理数を超えた世界で，数と直線の対応を知ることは高校ではもちろん，大学の教養課程ですら範囲外なのです．このため，高校などの教科書ではこの点は曖昧なままで，線分の長さと数は区別がなくなり，どんな線分もなんらかの数に対応すると生徒たちが考えてしまうのも無理はありません．ですから，ある長さの棒が「存在」するのかと問われても，正確に答えることができないのです．直線上にどれだけの点があるのかは，実数とはなにかという問題と同じになるのですが，これについては次の第IV話で述べます．

5 │ 正5角形，黄金分割とフィボナッチ数

　ここで通約不能な数の例として，正5角形，黄金比とフィボナッチ数，およびそれらの間に成り立つ美しい関係に触れておき

ましょう．通約不能な数について初めて認識したのは，紀元前6世紀の古代ギリシャの数学者ピタゴラスを中心とするピタゴラス学派の人たちであったといわれます．

問題となったのは，正5角形の辺と対角線の長さです．この2つの数が通約不能であることは次のような幾何学的論証で示されます．図のような正5角形と対角線を考えましょう．ここで点 P は対角線 BD と CE の交点です．
このとき正5角形の辺と対角線，例えば AB と CE の平行性より3角形 $\triangle ABE$ と $\triangle PCD$ は相似であることがわかります．また $ABPE$ は菱形であることも明らかです．従って正5角形の対角線と辺の長さをそれぞれ a_1, a_2 とすると

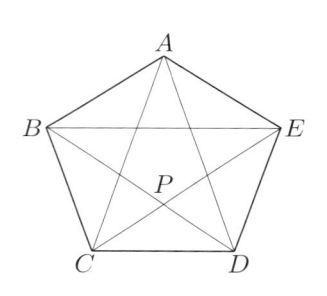

$$a_1 : a_2 = a_2 : (a_1 - a_2)$$

が成り立ちます．$a_3 = a_1 - a_2$ とおくと $a_1 = a_2 + a_3, a_3 < a_2$ です．このとき，辺 PC と CD もやはり正5角形の1辺と対角線の関係になっていますから，上と同様に

$$a_2 : a_3 = a_3 : (a_2 - a_3)$$

が成り立ちます．そこで $a_4 = a_2 - a_3$ とおくと，やはり $a_2 = a_3 + a_4, a_4 < a_3$ が成り立ちます．以下同様に

$$a_1 = a_2 + a_3, a_2 = a_3 + a_4, a_3 = a_4 + a_5, \cdots$$

です．このように a_n を定めると，これは a_1, a_2 から始めて，ユークリッド互除法に現れる数列に他なりません．このとき

n_i はすべて 1 ですから，この列は決して 0 にはなりません．従って a_1, a_2 は通約不能であり，比の値 a_2/a_1 は有理数ではないのです．これを前述した連分数で表わすと

$$1 + \cfrac{1}{1 + \cfrac{1}{1 + \cfrac{1}{1 + \cdots}}}$$

という最も簡単な形の連分数になります．また，方程式の言葉を使ってよいなら比 a_2/a_1 は 2 次方程式 $x^2 - x - 1 = 0$ の（正の）解 $(1 + \sqrt{5})/2$ に他なりません．ちなみに図の正 5 角形の対角線からなる形は五芒星といわれ，ピタゴラス学派のシンボルマークでした．

次に黄金比について述べます．ご存知の方も多いと思いますが，よこの長さが a，たての長さが b の長方形であって，1 辺 b の正方形を除いた縦長の長方形が同じ比になっているとき，比 $a : b$ を黄金比と呼びます．額縁などはこの比にすると最も美しいといわれ，身近なところでは名刺のサイズが黄金比になっているといわれています．図から明らかなように，比の条件は $a : b = b : a - b$ です．これはつい先ほど調べた正 5 角形の対角線と 1 辺の長さの比と同じです．従って比の値は $a/b = (1 + \sqrt{5})/2$ になります．

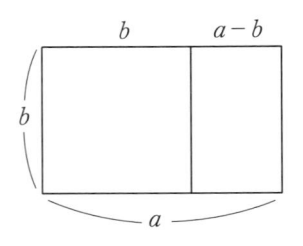

最後にフィボナッチ数 $\{F_n\}$

$$1, 1, 2, 3, 5, 8, 13, \cdots$$

について考えます．

フィボナッチ数というのは正確にいえば，漸化式が $x_{n+2} = x_{n+1} + x_n$，初項と第2項が $x_0 = x_1 = 1$ によって定まる数列です．フィボナッチ数と黄金分割の関係を直感的に理解するには，前頁の図とよく似た上の図を考えます．ここで比の値 x_{n+2}/x_{n+1} を t_{n+2} とおきます．もし，これが n に関係せず一定の値 t であるなら，漸化式は $t^2 x_n = t x_n + x_n$ となり，t は方程式 $t^2 - t - 1 = 0$ の解だから黄金比になります．もし t_n が一定値でなくとも，数列 $t_1, t_2, \cdots$ が有限の値に収束するなら，その極限値は黄金比になると考えられます．しかし，この数列 $t_1, t_2, \cdots$ が収束するかどうかは自明ではありません．そこでここでは，フィボナッチ数の一般項を求め，上の極限が黄金比になることを確かめましょう．次に述べる漸化式の一般項を求める方法は，高校の教科書では扱いませんが，ベクトルや複素数が活躍する良い素材ですので，少し詳しく考えましょう．まず，フィボナッチ数を定める漸化式は $x_{n+2} = x_{n+1} + x_n$ でした．この漸化式を固定して考えます．初項，第2項をいろいろ与えれば，この漸化式から多くの数列が得られます．このような数列を一般フィボナッチ数列と呼びましょう．初項，第2項がともに 1 の場合がフィボナッチ数でした．そこで一般に初項，第2項がそれぞれ複素数 a_0, a_1 として得られる数列 $\{a_i\}$ を考えます．もちろんこの数列は a_0, a_1 からただ1通りに定まります．また，初項，第2項がそれぞれ複素

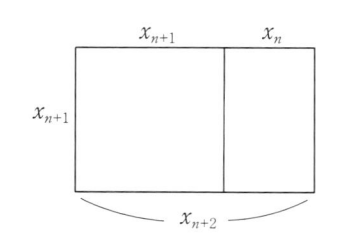

数 b_0, b_1 である別の数列を $\{b_i\}$ とし，p, q を任意の複素数とします．このとき，容易にわかるように，初項，第 2 項がそれぞれ $pa_0 + qb_0, pa_1 + qb_1$ の数列は $\{pa_i + qb_i\}$ になります．これはちょうど，$\{a_i\}, \{b_i\}$ を 2 つのベクトルのように考え，p, q を係数として 1 次結合を考えたものになっているのです．次に，特別の形をした一般フィボナッチ数列を考えます．つまり w を複素数として，$a_i = w^i$ の形の数列です．これが漸化式をみたすための条件は

$$w^{n+2} = w^{n+1} + w^n, \quad n = 0, 1, \cdots$$

です．$w \neq 0$ のとき，これは w が方程式 $x^2 = x + 1$ の解であることと同値になります．この方程式の 2 つの解を

$$\alpha = \frac{1 + \sqrt{5}}{2}, \qquad \beta = \frac{1 - \sqrt{5}}{2}$$

とおきましょう．つまり $1, \alpha, \alpha^2, \cdots$ と $1, \beta, \beta^2, \cdots$ はそれぞれ一般フィボナッチ数列です．従って上に述べた議論から，p, q を任意の複素数とするとき $\{p\alpha^i + q\beta^i\}$ は，初項，第 2 項がそれぞれ $p + q, p\alpha + q\beta$ の一般フィボナッチ数列です．そこで $p + q = p\alpha + q\beta = 1$ となるように p, q が選べれば，最初に考えたフィボナッチ数の一般項が得られます．p, q についての連立方程式

$$p + q = 1, \quad p\alpha + q\beta = \frac{p+q}{2} + \frac{(p-q)\sqrt{5}}{2} = 1$$

を解くと

$$p = \frac{5 + \sqrt{5}}{10}, \quad q = \frac{5 - \sqrt{5}}{10}$$

です．従ってフィボナッチ数の一般項は

$$F_n = \frac{1}{\sqrt{5}}\left\{\left(\frac{1+\sqrt{5}}{2}\right)^n - \left(\frac{1-\sqrt{5}}{2}\right)^n\right\}$$

で与えられます．フィボナッチ数は自然数の数列であり，自然数の範囲内で定義されているにもかかわらず，一般項が無理数を使って表わされるのは面白いことといえます．

さて，比 F_{n+1}/F_n は

$$\frac{(1+\sqrt{5})^{n+1} - (1-\sqrt{5})^{n+1}}{2\{(1+\sqrt{5})^n - (1-\sqrt{5})^n\}} = \frac{1+\sqrt{5} - (1-\sqrt{5})c^n}{2(1-c^n)}$$

です．ただし $c = (1-\sqrt{5})/(1+\sqrt{5})$ とします．$|c| < 1$ だから

$$\lim_{n\to\infty} \frac{F_{n+1}}{F_n} = \frac{1+\sqrt{5}}{2}$$

となり，比 F_{n+1}/F_n は黄金比に収束することがわかります．

6 | 自然数の割り算と整数論

自然数の割り算と分数は似たもののように見えます．確かに 6 割る 3 も，6/3 も 2 です．しかし，自然数の割り算の場合は割り切れない場合がありますが，分数の世界ではすべてが割り切れるのです．分数の世界では $5/3 = 10/6$ ですが，$5 \div 3$ と $10 \div 6$ は同じでしょうか？　前にも述べたように，これらは，商はどちらも 1 ですが，余りは 2 と 4 で異なっています．余りくらいどうでもよいようですが，前話で 0, 1, 2 だけの 3 つの数の演算を

考えたように,割り算や余りに注目するのが自然数の性質を調べる上で重要なのです.例えば,素数というのは1と自分自身以外に約数をもたないものであり,素数にはいろいろ美しい性質がありますが,分数の世界になれば素数のような性質は意味がなくなるのです.分数や有理数の世界は,割り算が自由にでき便利ですが,自然数のもつ重要な性質は失われてしまいます.

自然数や整数の性質を調べるのが整数論と呼ばれる分野です.最も有名なのはフェルマーの最終定理で,1994年にワイルズという数学者によって証明されました.フェルマーの最終定理とは,n が3以上の自然数のとき,方程式 $x^n + y^n = z^n$ は自然数の解をもたないというものです.定理の証明には,自然数の範囲を超え,数学の多くの分野の知識が総動員されますが,定理自体はまさに自然数とその加法,乗法だけで表わされています.整数論では,素数の性質が重要になります.第IX話では,背理法による証明の例として,素数が無数に存在することを示しています.無数といっても自然数の中でどれくらいの頻度で存在するのかは,昔から問題になっていました.未解決の難問として知られるリーマン予想は,見かけは整数論には無縁のように見えますが,この問題から起こったものです.

ここでは,自然数の割り算の性質を用いて整数論の重要な定理を証明してみましょう.2つの自然数 n, m の共通の約数を公約数といいます.n, m の公約数 d は,n, m のどんな公約数も d の約数となるとき,最大公約数といいます.n, m の最大公約数が1であるというのは,n, m の公約数が1だけであるということですが,このとき n と m は互いに素であるといいます.

さて，自然数 n, m は固定しておきます．a, b をいろいろな整数（0 や負数も含める）とし，$an+bm$ の形の整数全体の集合を R とします．R の中で正の数全体は自然数の部分集合だから，最小の元があります．これを d とするとき次の定理が成り立ちます．

定理 d は n, m の最大公約数である．

証明 R の元で正である任意の数 k を考えます．k を d で割ったとき，商が h，余りが r とします．つまり $k = dh + r$ です．定義から
$$k = an + bm, \quad d = a'n + b'm$$
と表わされますから
$$r = k - dh = (a - a'h)n + (b - b'h)m \in R$$
です．$0 \leq r < d$ ですが，d の最小性から $r = 0$ でなければならず，k は d で割り切れることがいえます．$n, m \in R$ だから，d は n, m の公約数です．また，n, m のどんな公約数も $an + bm$ の形の数の約数になりますから，d の約数です．従って最大公約数の定義から d は n, m の最大公約数になります． □

これから自然数の性質としてよく用いられる次の結果が得られます．

「n と m は互いに素とする．このとき $an + bm = 1$ となる整数 a, b が存在する．」

上の定理の証明に，自然数（0 は含めない）についての次の性質を用いました．

「S は自然数の集合の空でない部分集合とする．このとき S には最小の自然数が存在する．」

これは当たり前の性質に見えます．しかし，自然数の集合を分数，つまり正の有理数の集合に変えると，これは明らかに成り立ちません．従って，自然数のこの性質は証明がいるのですが，それには「無限」に関する少し面倒な議論が必要になります．ここではさしあたり，この性質を認めることにしますが，第Ⅹ話で改めて考えることにします．

第Ⅳ話 | *Episode IV*

実数とはなにか
$0.999\cdots = 1, \neq 1$？

　前話までは，分数，つまり有理数について考えました．分数は小学校で学びますが，実数とはなにかは高校ではもちろん，数学の専門課程でなければ大学でも学びません．高校では実数係数の方程式などは考えるのですが，実数とは「なんとなく」わかったものとして済ませています．実数が難しいのは，どうしても無限というものが関わってくるからです．この第Ⅳ話では，実数についてできる限り本格的に解説したいと思います．

1 | 無限小数と実数 —— $0.999\cdots = 1$？

　最初に，高校の教科書などで，実数がどのように取り扱われているか見てみましょう．まず，有理数とは分数で表わされる数であると定義します．つまり分数 $1/3, 2/6, 3/9, \cdots$ たちは分数としては異なるが，なにか「同じ数」を表わしており，それを1つの有理数と呼ぶのです．これは前話で述べました．有限小数は10のベキを分母とする分数で表わされるから有理数です．一方，$\sqrt{2}$ つまり2乗して2になる「数」が有理数ではないことが背理法を用いて証明されます．このほか円周率 π という「数」も，

有理数でないことが（証明は難しいのですが）わかっています．そこで有理数でない「数」を無理数と呼び，有理数と無理数を合わせて実数と定義しているのです．少し考えてみればわかるように，これはまともな定義になっていません．そもそも「数」とはなにかについてはまったく述べていないからです．しかし，高校の段階で実数の厳密な取り扱いをするのは無理があり，よくできる学生には満足できかねるような上の定義もやむを得ないのでしょう．

この話では，実数とはなにかをできる限りわかりやすく，しかも厳密さも損なわないように解説したいと思います．最初に無限小数を考えましょう．無限小数 $0.999\cdots$ とは小数点以下に 9 が無限に続いたものです．しかしこんな説明では怪しい所がいっぱいあります．まず，無限に続くとはどういうことなのか，それは 9 を無限に「並べ尽くした」ものなのか，そんなものは本当にあるのか？ 並べ尽くさないうちは，決して 1 にはならないのだから，$0.999\cdots = 1$ であるというのはほんとうなのか．いくらでも 1 に近くなるから，「最終的には」1 になる，という人と，どこまでいっても 1 ではないから等しくなることはないと思う人もいるでしょう．この釈然としない感じは，後で述べるアキレスとカメについてのゼノンのパラドックスに似ています．

まず無限小数 $0.999\cdots$ とは正確にいえば何であるかを考え直してみます．それは，$0.$ の後に 9 が「無限」に続いたもの，というのでは上の説明と同じで，数学的に明確な定義とはとてもいえ

ません.そこで有限小数の数列

$$0.9, 0.99, 0.999, \cdots$$

を考えます.無限小数 $0.999\cdots$ とは,この数列の極限であると定義するのです.ここで一般の数列について収束や極限とは何であったかを復習しましょう.数列 $a_1, a_2, \cdots, a_n, \cdots$ がある数 a に収束するというのは,n が大きくなるにつれて $|a - a_n|$ がいくらでも小さくなることです.「いくらでも小さくなる」ということを,より正確にいうには,いわゆる ϵ-δ 式論法を用いればよいのです.つまり

「どんな正の数 ϵ を持ってきても,その ϵ ごとに適当な自然数 n_0 があって,$n > n_0$ であれば $|a - a_n| < \epsilon$ となる」
というようないい方です.この場合 δ ではなく,n_0 という自然数が出てきますが,要は

「どんな * に対しても,適当な ** があって,望ましい性質をみたす」
という形の議論の仕方です.最初の主張を,次の主張

「どんな**小さな**正の数 ϵ を持ってきても,その ϵ ごとに適当な自然数 n_0 があって,$n > n_0$ であれば $|a - a_n| < \epsilon$ となる」
と比べてみましょう.「小さな」という形容詞にはよく考えると特別の意味はなく,2つの主張は内容的にはまったく同じなのです.教科書などでは,後のようないい方はしませんが,それは「小さな」というなくても内容の変わらない文言は省略するのが数学の伝統的な(そしてやや不親切な)習慣なのです.しかし,後のような主張で考えれば,ϵ-δ 式定義が元の直感的な収束の

定義と一致することは容易にわかると思います．ϵ-δ 式論法は，19 世紀のドイツの数学者ワイエルシュトラスが，やや曖昧だった微積分学の厳密な基礎付けのため用いたのですが，当時からわかりにくいことで悪名が高かったようです．この見るからにまわりくどい定義が，数列の収束などの証明に有効なのは，逆に「まわりくどい」ことが直感ではよく起きるうっかりミスを防ぎ，多くの問題に「機械的」に適用できるからです．

さて，数列
$$a_1, a_2, \cdots, a_n, \cdots$$
がある数 a に収束するとき，数 a は数列 $a_1, a_2, \cdots, a_n, \cdots$ の極限，あるいは極限値であるといいます．数列 $\{a_n\}$ が収束するとき，その極限を（特定の数ではなく）一般に表わす記号が $\lim_{n\to\infty} a_n$ です．従って，数列 $a_1, a_2, \cdots, a_n, \cdots$ がある数 a に収束するとき，この事実を簡単に等式 $\lim_{n\to\infty} a_n = a$ という形で表わすことができます．これは，上のように言葉で述べるよりずっと簡便です．一般に数列 $\{a_n\}$ は発散したり，振動したりすることもあります．そのようなときは有限の確定値として $\lim_{n\to\infty} a_n$ という記号を用いることはできません．しかしさらに注意が必要です．数列 $\{a_n\}$ が収束するように見えても，$\lim_{n\to\infty} a_n = a$ という書き方が許されるのは，数列 $\{a_n\}$ の収束先が a であることがわかっている場合です．収束先がなんであるか，あるかないかがよくわからないような場合に，「単独に」$\lim_{n\to\infty} a_n$ という表わし方をすることは厳密にいえば誤りなのです．これについては，後で循環しない無限小数の場合に改めて考えることにしましょう．

第Ⅳ話 実数とはなにか

さて数列 0.9, 0.99, 0.999, ⋯ が 1 に収束することは明らかです．この数列の極限を lim の記号の代わりに無限小数で表わしたのが実は 0.999⋯ なのです．従って 0.999⋯ = 1 とは，数列 0.9, 0.99, 0.999, ⋯ が 1 に収束するということを表わしているだけのことになります．くどくいえば，数列 0.9, 0.99, 0.999, ⋯ が 1 に収束するという事実と，この数列の極限を 0.999⋯ と表わすという約束を合わせたものであって，等号は証明を要することではないのです．1 に収束する数列はいろいろあります．例えば数列

$$1/2,\ 2/3,\ 3/4,\ \cdots$$

を考えましょう．一般項が $b_n = n/(n+1)$ で表わされるこの数列も 1 に収束するので，$\lim_{n\to\infty} b_n = 1$ と表わすことができます．ただこのような数列では極限を無限小数のように「うまく」表わすことができないだけなのです．

教科書や参考書などに $0.999\cdots = 1$ の次のような「証明」が与えられていることがあります．

「数 $0.999\cdots$ を x とおく．このとき $10x = 9.999\cdots$ だから

$$10x - x = 9x = 9.999\cdots - 0.999\cdots = 9$$

である．従って $x = 1$ である．」

この「証明」には問題があります．その問題点は，まず，$0.999\cdots$ を明確な定義のないまま，数のように演算を行っていることです．例えば，無限小数の加法や減法は無限に繰り上がりが起こるのをどう処理するのかよくわからないので，うまく定義できるかどうかもわかりません．本当は，$10x = 9.999\cdots$ を示すには，

両辺がある数列の極限であり,両方とも 10 に収束することをいわなければなりません.式をいろいろ変形していますが,結局は $0.9, 0.99, 0.999, \cdots$ が 1 に収束することのいいかえなのです.

$0.999\cdots$ は循環小数と呼ばれるものです.循環小数とは,ある桁から先が一定の周期で同じ数の繰り返しになるものですが,$0.999\cdots$ と同様にこれを数列と考えるとある有理数に収束することが示されます.例として $0.1313\cdots$ を考えましょう.これは数列

$$\frac{13}{10^2}, \quad \frac{13}{10^2}+\frac{13}{10^4}, \quad \frac{13}{10^2}+\frac{13}{10^4}+\frac{13}{10^6}, \quad \cdots$$

の極限です.従って各項を $13/10^2$ で割った数列の極限は等比級数の和

$$1+\frac{1}{10^2}+\frac{1}{10^4}+\cdots=\frac{1}{1-10^{-2}}=\frac{100}{99}$$

ですから $0.1313\cdots = (100/99) \times (13/10^2) = 13/99$ になります.一般の場合も循環小数が分数で表わされる仕組みは同じです.逆に,分数は循環小数で表わされることは,割り算を実際やってみればわかります.$2/7$ を小数で表わすには,$2.00\cdots$ を 7 で割っていけばよいのですが,各ステップで出る余りの数は割る数(分数の分母)未満ですから,何度か割り算を続ければ余りの数が同じとなることが起こります.それ以降は同じことの繰り返しだから循環小数となるのです.従って $0.999\cdots = 1$ の議論を認めたうえでいえば,循環小数 = 有理数なのです.

2 | 循環しない無限小数とはなにか

それでは循環しない無限小数は「なにを」表わしているのでしょうか．循環しない無限小数の具体例は考えにくいのですが，次の例を考えてみましょう．0 と 1 だけからなる無限小数で，1 と次の 1 の間に 0 がいくつか続くのですが，その個数が 1 つずつ増えていくようなもの，つまり

$$0.1010010001\cdots$$

です．これまでの定義に従えば，これは数列

$$0.1, 0.101, 0.101001, 0.1010010001, \cdots$$

の極限です．しかしこの数列はいったいどのような「数」に収束するのでしょうか？ この数列は発散も振動もせず，なんらかの数に収束するように思えます．しかし $0.999\cdots$ のようなよくわかった収束先があるわけではありません．つまり，私たちがあらかじめ知っているなんらかの数に収束するのではないので，$0.1010010001\cdots$ は上のような数列の極限であるといわれても，そんな「数」はどこにあるのか，と問われると困ってしまうのです．仮にそんな数があるとしても，それは有理数ではなく，また $\sqrt{2}$ のような「素性の知れた」無理数でもありません．上のような無限小数はそれでもまだ規則的といえます．コインを投げて表が出れば 1，裏が出れば 0 として，小数点以下の桁を順次決めるような無限小数について何がいえるでしょうか？ しかも，ほとんどの無限小数はこのような不規則なものなのです．

一般に無限小数 $0.k_1k_2k_3\cdots$ を考えましょう．ただし k_i は 0 から 9 までのいずれかの整数です．小数第 n 位までの有限小数 $0.k_1k_2k_3\cdots k_n$ を a_n と表わします．また $b_n = a_n + 1/10^n$ とおきます．このとき

$$a_n \leq a_{n+1} \leq b_{n+1} \leq b_n$$

が成り立ちます．つまり区間 $[a_{n+1}, b_{n+1}]$ は $[a_n, b_n]$ に含まれ，区間の幅 $b_n - a_n = 1/10^n$ は 0 に収束します．このとき，数列 $a_1, a_2, \cdots$ はなにかに収束するように思えます．しかし，先ほどの例で見るように，有理数だけを考えているなら，数列の収束する「先」がないことが起こります．このような場合，それでも数列の収束先が「どこかに」あると考えたいのであれば，どうすればよいのでしょうか．単純に考えるなら，それぞれの数列に，その収束先となるべきものを新しく「形式的」に用意しておくことです．もちろん，数列 $\{a_n\}$ があらかじめ知られている数 a に収束するなら，その収束先はもちろん a としておかなくてはなりません．

そこでそろそろ無限小数を用いた実数の定義を与えましょう．無限小数，あるいは実質的に同じことですが，無限小数を定める有限小数の列が，それぞれ 1 つの「数」を新しく定めると考え，そのような数を実数と呼ぶのです．このとき，無限小数を定める有限小数の列 $a_1, a_2, \cdots$ は，それが定める実数に収束すると考えるのです．もちろん，循環小数の場合は，ある有理数に実際に収束しますから，循環小数が定める実数とは，その収束する有理数に他なりません．この定義はなんだかまだるっこしく思えま

す．「実数=無限小数」と直接定義することもできそうなのですが，循環しない無限小数は前述したように「実体」がはっきりしないわけですから，新しい数を定義するのにそのまま用いるのは不適当なのです．

　実数のこのような定義は，直感的でわかりやすいのですが，そのぶん実数の重要な性質を厳密に調べるには向いていません．また，実数を無限小数によって定義すると困る点が 1 つあります．実数たちには加法や乗法が定義できなくてはなりませんが，2 つの無限小数 a, b の和をどのように定義すればよいでしょうか？無限小数とそれが定める実数を同じ記号で表わしましょう．無限小数 a, b の小数第 n 位までの有限小数を，それぞれ a_n, b_n とします．従って $a = \lim_{n\to\infty} a_n, b = \lim_{n\to\infty} b_n$ となります．このとき，$\{a_n + b_n\}$ は収束する数列の和であるから収束すると考えられ，実数 a と b の和を

$$a + b = \lim_{n\to\infty} (a_n + b_n)$$

と定義するのが自然です．しかし数列 $\{a_n + b_n\}$ は一般には無限小数の形をしていませんから，これを無限小数の形に直さなければなりません．この無限小数のある桁の数を確定させるには，それ以下の所からの繰り上がりがないことを調べなければなりませんが，場合によっては「無限」にチェックしなければならないことも起こりえます．これは，便宜的な 10 進法による表記が無限に関わる問題を扱うのに適していないからともいえます．

3 | 直線をハサミで切る —— デデキントの切断

　実数のより厳密な定義がいくつも知られています．名前を挙げれば，「デデキントの切断」，「ワイエルシュトラスの区間縮小法」，「カントールの基本列」などです．これらは19世紀末までにそれぞれ名前を冠した数学者たちによって見つけられたもので，見かけは異なりますが，本質的には同等の定義になっていることが知られています．かつては大学の初年次の数学の授業で，このような定義のいずれかを学んだものですが，近年では抽象的で難解ゆえ，ほとんどの大学のカリキュラムから消えているようです．しかし，実数とはなにかというのは，数学の中心的課題です．ここではデデキントの切断とはなにかを，直線とはなにかということと関連付けて述べたいと思います．

　前話でも触れましたが，直線についてもう少し考えておきましょう．ここで考える直線とはユークリッド幾何でいう直線であって，その性質は公理だけから定まるものです．特に実数との関係があらかじめわかっているわけではないことに注意してください．直線上に単位となる線分を定めておけば，平行線の存在や比例定理などのユークリッド幾何から，その線分の有理数倍の線分を考えることができることも前話で述べました．従って単位の線分の長さを 1 としておけば，勝手な有理数の長さの線分を考えることができます．さらに原点 O と正の方向を定めておけば，直線上の異なる 2 点 P, Q に対し，ベクトル $\vec{PQ}$ の向きが正のとき，$P < Q$ と定めることにより，大小関係を考えることができます．このとき $Q < O < P$ となる点 P, Q はそれぞれ正，あ

第Ⅳ話　実数とはなにか

るいは負であるということにします．有理数 q に対し，原点からの距離が $|q|$ の点 P（$q \geq 0$ のときは正の側，$q < 0$ のときは負の側）を考えることにより，有理数を直線上の点とみなすことができます．もちろん，直線上には有理数ではない点，例えば $\sqrt{2}$ などもあることを忘れてはいけません．

ここで直線の「稠密性」と「連続性」とはなにかを説明しましょう．まず稠密性とは難しい言葉ですが，直線上には無数に細かく点が存在することを表わしています．これを説明するために，まず，アルキメデスの原理と呼ばれるものについて述べます．アルキメデスの原理とは

「直線上のどんな正の点 P, Q に対しても，$Q < nP$ をみたす自然数 n が存在する」

というものです．逆数をとれば，これは次の主張と同値になります．

「直線上のどんな正の点 P, Q に対しても，$\dfrac{1}{n}Q < P$ をみたす自然数 n が存在する．」

この主張から次を示すことができます．

「直線上のどんな正の点 P に対しても，$O < P' < P$ をみたす正の点 P' が存在する」

実際，任意に正の点 Q をとれば，$\dfrac{1}{n}Q < P$ をみたす自然数 n が存在しますから，$P' = \dfrac{1}{n}Q$ とすればよいのです．また，この議論を繰り返せば，O と P の間に無数の点が存在することがわかり，さらに平行移動して考えれば，任意の 2 点の間にいくらでも細かく点が存在することもわかります．これを稠密性と呼ぶので

す．上のような性質は，P, Q が有理数で表わされる点のときは明らかに成り立ちます．

　アルキメデスの原理は自明のように見えます．アルキメデスは，球の体積などを求めるときの極限操作に関する問題を解くため，上の主張を「自明」なものとして用いました．しかし我々は今のところ直線上に有理数でない点がどれだけあるかを知らないとしますと，この性質は証明できるというようなものではなく，直線とはこういうものであるべきであるという主張，つまり公理と考えなければならないのです．直線のこの性質の意義に初めて注目したアルキメデスにちなんで，この性質をアルキメデスの公理と呼びます．つまり私たちの考える直線はアルキメデスの公理をみたすものと仮定しているのです．

　次に直線の連続性に関する性質は，直線をいわばハサミで切断したとき何事が起こっているかを述べるものです．正確にいうと切断とは，直線上の点の集合を「共通部分のない」2つの部分集合 X, Y に分け，$Q \in X, P \in Y$ となるどんな点 Q, P についても $Q < P$ が成り立つことをいいます．このとき X を下集合，Y を上集合と呼びましょう．また切断を (X, Y) のように表わします．このとき次の4つの場合が考えられます．

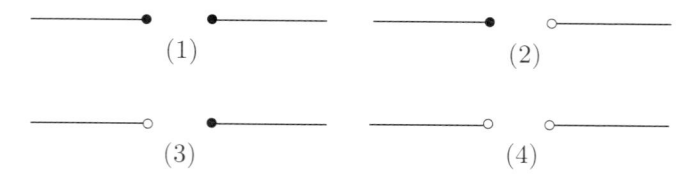

(1) 下集合 X には最大元があり，上集合 Y には最小元がある
(2) 下集合 X には最大元があり，上集合 Y には最小元がない
(3) 下集合 X には最大元がなく，上集合 Y には最小元がある
(4) 下集合 X には最大元がなく，上集合 Y には最小元がない

まずアルキメデスの公理から（1）の場合は起こりません．実際，もしそうだとすると，X の最大元を Q，Y の最小元を P とするとき，$Q<P$ だから，稠密性から $Q<A<P$ となる点 A が存在しますが，これは切断の定義に反します．次に（2）の場合は下集合の最大元，（3）の場合は上集合の最小元をとることにより，切断は直線上の点をただ1つ定めます．逆に，直線上の点 P に対し，P より小さな点たちと，P 以上の点たちに分けることにより，（3）をみたす切断がただ1つ定まります．逆に（2）をみたす切断を定めることもできます．最後に切断が（4）のようになっているとしますと，下集合の右端，上集合の左端がなく，上集合，下集合がそれぞれ開区間のようになっています．直線は2つの部分に分けられ，その境界となるべき点がなく，直線は連続せず2つに「分離」していることになります．直線上に（4）のような切断が存在しないとき，直線は「連続」であるといいます．

もし，直線上に有理数に対応する点しかないとすると，アルキメデスの公理は成り立ちますが，連続性は成り立ちません．例えば X として $a^2<2$ となる有理数全体，Y として $2<b^2$ となる有理数の全体としますと，この分割は上の（4）のようになっています．つまり有理数だけでは，十分細かく点があるように見えても「隙間」だらけなのです．

直線上に有理数以外にどれだけの点があるかは，さしあたりはわからないのですが，とりあえず直線といえば，稠密性（アルキメデスの公理）と連続性をともにみたすものとします．まず，直線上にどれくらいの点があるかを考えてみましょう．有理数だけの集合についても，上述のような切断を考えることができることに注意します．このとき，上の (1) から (4) の場合のうち，(1) の場合が起こらないのは同じです．また，(2) あるいは (3) の場合，最大元，あるいは最小元はいずれも有理数だから，切断が新しい点を与えることにはなりません．条件 (3) または (4) をみたす切断とは，下集合が最大元をもたない切断と同じであることに注意しておきます．このとき次の事実が成り立ちます．

「直線上の点たちと，有理数の集合の切断で下集合が最大元をもたないものたちは一対一に対応する．」

証明を与えましょう．必要なら直線の図を書いて考えて下さい．細かい点はともかく感じがわかればよいでしょう．直線上の点 P が与えられたとします．X として $a < P$ となる有理数 a の集合を考えます．Y は，X の補集合，つまり $P \leq b$ となる有理数 b の集合です．このとき (X, Y) は有理数の集合の切断で，下集合 X が最大元をもたないことは稠密性から明らかです．逆に (X, Y) は有理数の集合の切断で，下集合 X が最大元をもたないものとします．直線の部分集合 X' を次のように定義します．

$$A \in X' \iff A < a \text{ となる有理数 } a \in X \text{ が存在する}$$

このとき $A < B$ をみたす 2 点 A, B は，$B \in X'$ なら $A \in X'$

となるのは明らかです．従って直線における X' の補集合を Y' とすると，(X', Y') は直線の切断になります．X' に最大元 A_0 があれば，定義から $A_0 < a_0$ となる $a_0 \in X$ が存在しますが，稠密性から $A_0 < A$ となる点 $A \in X'$ が存在し矛盾です．従って X' には最大元はなく，直線の連続性から切断 (X', Y') は直線上の点をただ1つ定めます．直線上の点と，有理数の集合の切断のこのような対応が，互いに逆の対応になっていることは容易に確かめられます．

同様の主張は，有理数の集合の切断で上集合が最小元をもたないものたちについて成り立つこともわかります．

次に，上とよく似た次の結果が成り立ちます．

「実数たち，つまり無限小数と，有理数の集合の切断で下集合が最大元をもたないようなものたちは一対一に対応する．」

証明は次の通りです．無限小数 $\alpha = m.k_1 k_2 k_3 \cdots$ を考えます．ただし m は整数部分で，k_i は 0 から 9 までのいずれかの整数です．小数第 n 位までの有限小数 $m.k_1 k_2 k_3 \cdots k_n$ を a_n と表わします．$q < a_n$ となる n が存在するような有理数 q の集合を X とします．Y を有理数全体の中で X の補集合とすると，(X, Y) は有理数の切断で，下集合 X には最大元はありません．逆に，(X, Y) は下集合が最大元をもたないような有理数の切断とします．このとき，小数点以下が n 桁の有限小数を考えます．例えば $n = 1$ のときは

$$-0.1, \ 0, \ 0.1, \ 0.2, \ \cdots, \ 0.9, \ 1.0, \ 1.1, \ \cdots$$

などです．これらは 0.1 ずつ大きくなるから，下集合 X に含ま

れるこのような有限小数たちには最大元があります．それを例えば $a_1 = 1.1$ としますと，1.2 は下集合に含まれません．そこで小数点以下が 2 桁の小数を考えると，X に含まれる最大元 a_2 は 1.10 から 1.19 の間にあることになります．

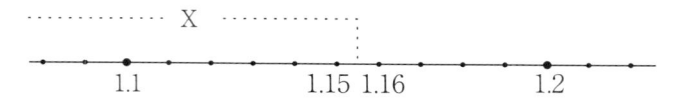

```
............... X ...............
•—•—•—•—•—•—•—•—•—•—•—•—•—•—•
       1.1            1.15 1.16          1.2
```

上の図のような場合ですと，$a_2 = 1.15$ になります．これを繰り返せば，有限小数の列 $a_1, a_2, \cdots$ が得られ，無限小数が定まります．無限小数と切断のこのような対応が一対一であることは明らかです．

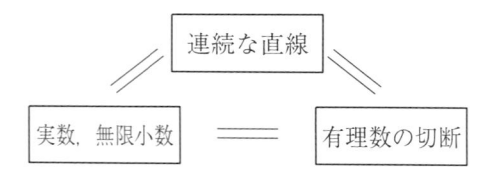

```
        ┌─────────┐
        │ 連続な直線 │
        └─────────┘
       ∥            ∥
┌──────────┐    ┌──────────┐
│実数, 無限小数│ ═══ │ 有理数の切断 │
└──────────┘    └──────────┘
```

　以上をまとめると，無限小数（実数），ある型の有理数の切断，直線上の点は本質的に同じであることがわかったわけです．つまり，実数とはなにかという問いには答えはいくつもあるといってよいでしょう．実数を有理数の切断で定義することも可能であり，しかもこの定義が微積分学のいろいろな定理を証明するのに最も有効であることがわかっています．例えば，無限小数では定義に困った実数の和や積を切断を用いてどう定義するかを見ましょう．まず，有理数のある部分集合 Z が，有理数の切断の下集

合であるための必要十分条件は，$a \in Z$ かつ $b < a$ ならば $b \in Z$ であることは容易にわかります．いま X, X' がともに切断の下集合のとき，集合 $X + X'$ を

$$X + X' = \{a + a' \, ; \, a \in X, \, a' \in X'\}$$

と定義します．$c < a + a'$, $a \in X$, $a' \in X'$ とすると，明らかに $c = b + b'$, $b < a$, $b' < a'$ となる有理数 b, b' があります．このとき定義より $c \in X + X'$ だから，$X + X'$ はある切断の下集合になっています．また，X, X' がともに最大元をもたなければ，$X + X'$ にも最大元がないことは明らかです．従って前に述べたことから $X + X'$ は 1 つの実数を定めます．そこで，α, α' をそれぞれ X, X' が定める実数とするとき，$X + X'$ が定める実数を $\alpha + \alpha'$ と定義するのです．積の定義も同様です．また，直線上の点たちは順序，あるいは大小関係が幾何的に考えられました．これに対応して，有理数の切断たちにも，下集合の包含関係により大小を定義できることも容易にわかります．また，負数や絶対値も切断の言葉で定義できます．

　以上のことから，有理数の切断によって定義された実数たちは「数」として有理数と同じ性質をみたすことがわかります．また，実数の数列について，収束や極限を考えることができます．このとき，有理数の数列では困ったこと，つまり，収束しそうな数列の収束先がないということは起こらないのです．実数を有理数の切断のような抽象的な方法で定義する最大の理由は，実数あるいは関数の連続性や，数列の収束，極限について（面倒ではあるが）正確な議論ができるからです．中間値の定理や実数の数列の収束

についてよく知られた定理が，切断という概念からどのようにして証明されるかは付録 A に述べてあります．

4 | カントールの対角線論法

　さて，実数については，それが有理数に比べ「ずっと」たくさんあることに触れないわけにはいきません．無理数の中には，$\sqrt{2}, \sqrt{3}, \sqrt{5}$ のように簡単に定義できるものもあります．また円周率 π も円周と直径の比という簡単な言葉で定義できます．しかしほとんどの無理数，つまり循環しない無限小数は，それを簡単に表わすことはできそうもありません．集合論の創始者のカントールは，無限集合にもいろいろ違いがあることを，有理数の集合と実数の集合を例に，対角線論法と呼ばれる方法で証明しました．これを紹介しましょう．まず，無限集合 X の各要素に番号を付けて

$$X = \{x_1, x_2, \cdots, x_n, \cdots\}$$

のように表わせるとき，X は可付番集合であるといいます．自然数の集合はもちろん可付番集合です．また，0 より大きく 1 より小さい有理数の集合も可付番です．このことを見るには，そのような有理数は既約な真分数で表わされますから

$$\frac{1}{2}, \frac{1}{3}, \frac{2}{3}, \frac{1}{4}, \frac{3}{4}, \frac{1}{5}, \frac{2}{5}, \frac{3}{5}, \frac{4}{5}, \frac{1}{6}, \cdots$$

のように並べ番号を付ければよいのです．また，0 より大きく 1 より小さい有限小数の集合は上の集合の部分集合だから

第IV話 実数とはなにか

(1/3, 2/3 などは含まれない) やはり可付番集合です.

さて，0 より大きく 1 より小さい実数の集合は可付番集合でないことを，背理法で示します．このような実数は無限小数で表わされますが，$0.1 = 0.0999\cdots$ のような場合は有限小数となる方を選んでおきます．すべての無限小数たちにもれなく自然数による番号が付けられたと仮定し，それらを下のようにたてに並べましょう．ただし a_{ij} は 0 から 9 までの整数です.

$$r_1 = 0.a_{11}a_{12}a_{13}\cdots$$
$$r_2 = 0.a_{21}a_{22}a_{23}\cdots$$
$$\vdots \qquad \vdots$$

ここでこの表の対角線に注目し，各 i に対し $b_i \neq a_{ii}$ となる整数 b_i, $0 \leq b_i \leq 9$ を任意に選んで，無限小数 $r = 0.b_1b_2\cdots$ を考えると，r は上の r_i とは小数第 i 位が異なっているから，上の無限小数たちの一覧表に現われず矛盾です．

さて，$\sqrt[3]{2}$ という数は，例えば，「方程式 $x^3 - 2 = 0$ の実数解」のように表わすことができます．前に考えた無限小数

$$0.1010010001\cdots$$

は,「0 と 1 だけからなる無限小数で，1 と次の 1 の間に 0 の個数が 1 つずつ増えていくもの」のように定義できます．これらは口に出していえば，高々有限の音素の列であり，音素は日本語のかな（濁音，半濁音，拗音，促音を含む）に対応しているから高々 80 ほどです．上で見たように 0 より大きく 1 より小さい有限小数の集合は可付番集合でした．これは 0 から 9 までの 10 個の数を

有限個並べたものたちです．同じように，日本語のかなを有限個並べたものたちの集合も可付番になります．有理数はもちろん，上の例の無理数などはこのようにして定まる数ですが，逆にいえば，日本語の文によって定義できる数というのは，可付番でしかありませんから，「ほとんどの」無理数はこのような形ではいい表わせないのです．さて，$f(x) = x^n + a_1 x^{n-1} + \cdots + a_{n-1} x + a_n$ が有理数を係数とする多項式のとき，方程式 $f(x) = 0$ の解を代数的数といいます．$\sqrt{2}, \sqrt[3]{2}$ などがそうです．具体的な方程式が与えられたとき，その解は有限の日本語の文で定義できることに注意すれば，代数的数の集合も可付番になります．従って，代数的数でない実数（超越数と呼ばれます）の存在も対角線論法で示されるのです．ただし，具体的な超越数の存在はまったく別の問題です．円周率 π やネイピアの定数 e（付録 A, 3 節参照）は超越数であることが知られていますが，その証明はそれぞれとても難解です．

5 │ 無限の哲学 —— 可能無限と実無限

さて冒頭に述べた実数あるいは無限小数についての素朴な疑問に立ち帰りましょう．$0.999\cdots$ のような「無限に続く」数の列というのは本当に存在するのか，あるいは考えることができるのでしょうか？　実数の定義は，有理数の切断によってもできることを見ましたが，実数の存在という疑問はそのような定義で解消できるのでしょうか？　この問題を突き詰めていくと，無限という

ものをどのように考えればよいのかという問題にいきつきます．ここでまず，「可能無限」と「実無限」という無限についての2つの考え方を紹介しましょう．可能無限というのは，無限のものが目の前に有るわけではないが，いくらでも多くのものを「生み出すプロセス」があることをいいます．例としては，自然数は無限個ある，という場合がこれにあたります．また，すべての自然数 n に対し成り立つような主張 $P(n)$ を数学的帰納法で証明したり，数列 $a_1, a_2, a_3, \cdots$ がある数 a に収束することを ϵ-δ 法で示す場合，無限のものを扱っていても，表面には「無限」ということばは出てきません．

　実無限というのは，無限個のものや，無限個の出来事を「まとめて」1つの対象と考える場合です．しかしながら，まとめて1つの対象と考える，というのはどういうことなのか，また，そんなことは可能なのかはやはりよくわかりません．無限小数，例えば

$$\sqrt{2} = 1.41\cdots$$

は可能無限であるとも考えられます．この無限小数展開を順次求める計算方法，つまり次の桁を求めるプロセスがあると思えばよいのです．しかし，一般の無限小数というのは，そのような計算プロセスがないのが普通です．そのような場合，無限小数を1つの実数と考えるのは，実無限を扱っていることになると考えられます．

　実無限というのを，制限した形ではありますがより数学的に定義してみましょう．まず集合について考えます．S が集合のと

き，S の部分集合たちは 1 つの集合 $B(S)$ を定めます．例えば $S = \{1, 2\}$ のとき，空集合 $\emptyset$，$\{1\}$，$\{2\}$，$\{1, 2\}$ の 4 つの部分集合がありますが，$B(S)$ はこれら 4 つを要素とする集合です．この定義には，気が付きにくいことですが，非常に重要なポイントがあります．S の各部分集合は，それ自身は 1 つの集合です．それを $B(S)$ の要素と思うときには，集合とは思わず 1 つのまとまった「対象」と考えるのです．このような対象に対する考え方，見方の切り替えというのが，数学において新しい概念を生み出すもとになっているのです．例えば，第Ⅱ話で 3 つの数 0, 1, 2 からなる新しい算術を考えましたが，これを次のように考えることができます．非負整数の集合において，3 の倍数たち，3 で割って 1 余る数たち，3 で割って 2 余る数たちのなす 3 つの部分集合を考える．これらを集合と考えず，それぞれ 1 つの対象と考え，必要なら $\underline{0}$, $\underline{1}$, $\underline{2}$ のような名前を付ければ，3 つの要素からなる新しい何者かが得られたのです．

集合論はドイツの数学者カントールによって創始されました．カントールは無限の要素をもつ集合を扱う手法を考え，前述した対角線論法で無限集合にもいろいろなものがあることなどを示しました．しかしほとんど同時に，無限集合を無制限に扱うことはさまざまなパラドックスを生むことがわかり（第Ⅹ話 3 節参照），より厳密な集合論（公理的集合論）が創り上げられました．そこには，集合の基本的な性質（公理）として

「S が集合であれば，S のすべての部分集合たちは集合である」
が挙げられています．第Ⅹ話で述べるように，なにものかが「集合である」というには注意が必要であり，なんでも物の集まりで

あればよいわけではありません．その意味で，上の主張は当たり前以上のことをいっているのです．また，S のすべての部分集合たち $B(S)$ が集合であるなら，その要素である S の各部分集合は，私たちにとって「個別」の対象と考えてよいことを意味します．特に，S が無限集合で，その無限部分集合をこのように考えると，無限のものを1つのまとまったものと考えていることになります．これは実無限を考えていることに他なりません．

さて，実数を有理数の切断で定義することを思い出しましょう．有理数の部分集合 X であって，$a \in X$ かつ $b < a$ であれば $b \in X$ をみたすものを考えます．このような X に対し，これを切断の下集合とするような実数が定まりました．つまり，実数とは有理数の集合の適当な条件をみたす無限部分集合のことと考えてよいのです．従って，実数は存在するのか，という疑問は，有理数の無限部分集合の存在ということになります．普通，有理数の集合の存在には問題がないとされるので，公理的集合論から実数の存在は認められるのです．

実無限，可能無限という無限の区別，あるいは考え方は，ギリシャの哲学者アリストテレスにさかのぼります．アリストテレスは実無限の存在には否定的であったようですが，アリストテレスの先生であったプラトンは，そのイデア説からみても実無限を認めていたと思われます．また，第X話で触れますが，アキレスとカメのようなゼノンのパラドックスは，実無限と可能無限の解釈の違いから生じるとも考えられます．哲学の世界では，実無限，可能無限に関する議論は盛んなようですが，数学ではほとんどの数学者は無関心です．実無限の存在にはやや懐疑的な数学者で

も，実数の存在を疑いません．これは，そのような問題は公理的集合論に任せておけばよく，何よりも，実数の存在なくしてはほとんどの実際上の数学が成り立たないと考えるからです．

第Ⅴ話 | *Episode V*

角度と面積と左右

　角度や面積をどのように測るのか，また左右をどのように定めるのかということについて，私たちはよくわかっているつもりでいます．しかし，少し掘り下げて考えると怪しいところがいろいろあります．この第Ⅴ話ではそのような事柄について考えていきましょう．

1 | $1°$ という角はどのようにして測るのか

　角度の表わし方として，普通用いられるのは度数法と弧度法です．弧度法については後で詳しく述べることにして，まず度数法とはなにかを考えましょう．度数法というのは全角（1周をぐるっと回った角）を360等分した角を1度 ($1°$) として角の大きさを表わす方法です．概念としては単純明快で小学生にも十分理解可能であると思われます．しかし実をいうと，単純明快であるというにはいくつかの問題点があるのです．

　歴史的には，度数法の発祥は古代バビロニアにさかのぼるといわれます．天体観測によって暦を作るためには角を測る必要がありますが，$1°$ という角度の単位を考えたのは，1年が約360日

であることがその理由であると思われます．もちろんこれは暦としては不正確で，うるう月のような補正が必要なのですが，1 年の日数としてより正確な 365 等分を角度の単位とすることは実用上不便でした．実際，360 は多くの約数をもっており，全角の 1/4 は 90°，1/12 は 30° のように簡単に表わせますが，365 等分の場合は 1/12 は 30.41··· のような中途半端な数になってしまいます．しかし，いずれにせよ 360 という数自体には数学的意味はないのです．

　もう 1 つの，そして数学的にはより重要な問題点を述べましょう．そもそも角をいくつかに等分するというのはどのようにするのでしょうか？　第Ⅲ話で見たように，線分の長さを n 等分することは，ユークリッド幾何の定理を用いて簡単にできました．また，実際に n 等分することも，定規とコンパスによる作図で可能です．これにより，単位の長さの有理数倍の線分が得られたのです．同じことが角についてもいえるでしょうか？　問題は次のように集約できます．

「1° の角を描くにはどうすればよいのか」
つまり，全周を 360 等分する方法を問うているのです．簡単にできる場合もあります．例えば，360° を 12 等分した角，つまり 30° は，x, y 平面の単位円と，$y = 1/2$ の水平な直線の交点をとれば容易に得られます．同様に，8 等分した角 45° を求めるのも簡単です．

　さて，平面幾何でよく知られているように，角を 2 等分することは定規とコンパスによる作図で簡単に得ることができます．実際，次頁の図のように与えられた角に対し，コンパスで $OP =$

OQ となる点をとり，さらにそれぞれ P, Q を中心とし半径がともに PQ の2つの円をとれば，交点を通る直線が角の2等分線になります．それでは，与えられた角の3等分を定規とコンパスで作図できるでしょうか．これはギリシャ以来のユークリッド幾何の有名な問題でした．角の2等分の簡単さから見て，3等分も可能であろうと信じられ，証明しようとする空しい努力が長く続けられたのですが，19世紀になって，ガロア理論を用いることにより不可能であることが示されたのです．ここでいう角の3等分とは，一般の角を3等分することであって，特別な角，例えば $90°$ の3等分である $30°$ は定規とコンパスで作図できます．従って，一般の角を3等分することができなくても，特定の角，例えば $1°$ が作図できないとは直ちにはいえないのですが，やはりガロア理論から $1°$ が作図できないことが厳密に証明できるのです．n が360の約数のとき，$360/n°$ という角を作図することは，正 n 角形を作図することと同じことになります．n の素因数分解を $n = 2^a p_1^{b_1} \cdots p_k^{b_k}$ とします．ただし，$p_1, \cdots, p_k$ は奇素数，a は非負整数，$b_1, \cdots, b_k$ は正整数です．このとき，正 n 角形が定規とコンパスで作図できるための必要十分条件は

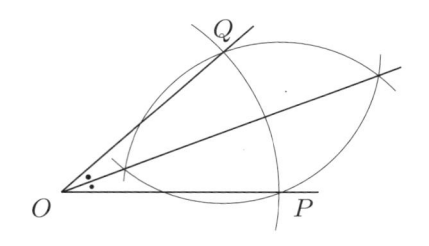

「すべての i に対し $b_i = 1$ で，$p_i - 1$ は 2 のベキである」

ことが知られています．正5角形や正17角形はそれぞれ $5 - 1 = 2^2$, $17 - 1 = 2^4$ だから作図可能ですが，$7 - 1 = 2 \times 3$ だから

正7角形は作図不能です．また $360 = 2^3 \times 3^2 \times 5$ は前頁の条件をみたさないので，正360角形は作図不能であり，従って $1°$ は作図不能なのです．つまりユークリッド幾何で考えるかぎり，$1°$ という角は存在することも保証されないのです．

それでは先ほどの問題を繰り返しましょう．つまり，$1°$ の角を描くにはどうすればよいのでしょうか？ いいかえると，実用的な目的，つまり天体観測や測量で角度を定めたり，分度器で $1°$ 単位の目盛りを入れるのはどのように行われてきたのでしょうか？ これを考えるため，まず中学，高校で学ぶ三角比について思い出しましょう．図の直角三角形 $\triangle ABC$ で，角 $\angle C$ が直角とします．このとき線分の比 $\dfrac{BC}{AB}$ および $\dfrac{AC}{AB}$ をそれぞれ角 $\angle A$ の正弦，余弦といい，$\sin \angle A$，および $\cos \angle A$ と表わします．この比の値は，角 $\angle A$ のみによって定まり，比例関係を考えればわかるように，直角三角形の大きさには関係しません．特に斜辺 AB の長さが 1 の場合を考えればよく，そのときは $\sin \angle A = BC$，$\cos \angle A = AC$ です．ここまでは，古典的ユークリッド幾何でも考えられることですが，ここからはデカルトの座標幾何で考えていきましょう．従って，直線上の点は実数で表わされ，平面上の点は，x 座標，y 座標である 2 つの実数の組で表わされます．上図において，AB の長さが 1 の場合は，点 B が単位円 $x^2 + y^2 = 1$ 上にあるときで，点 B の座標が (a, b) のと

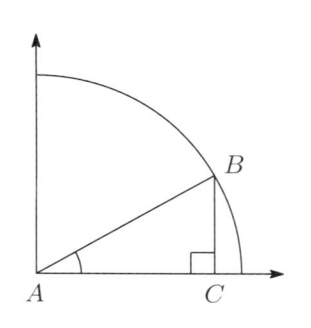

き，$\sin \angle A = b$, $\cos \angle A = a$ になります．従って角 $\angle A$ を定めるには，その正弦である実数 $\sin \angle A$ がわかればよいのです．逆に，実数 $0 \leq b \leq 1$ が与えられたとき，$\sin \angle A = b$ となる角 A を必ず見つけることができます．それには，単位円 $x^2 + y^2 = 1$ と x 軸と平行な直線 $y = b$ との（第 1 象限内の）交点 B をとれば，直線 OB と x 軸のなす角が求めるものになります．ここで忘れてはいけないことは，この事実は古典的ユークリッド幾何から得られるわけではなく，実数の性質から得られることです．いずれにせよ，角の大きさを測るには度数法だけではなく，例えば $\sin \angle A$ が $1/2$ の角という風にいうこともできます．もっと細かく，$\sin \angle A$ が 0.145 の角なども考えることができます．ただし角の大きさをその正弦 $\sin$ で表わすときの不便な点は，角の和が実数の和に対応しないこと，つまり

$$\sin(\angle A + \angle B) \neq \sin \angle A + \sin \angle B$$

であることに注意が必要です．

以上のことから，$1°$ という角を描くには，三角比のさまざまな性質を用いて，$\sin 1°$ の値を求めればよいことがわかります．残念ながら $\sin 1°$ の値を正確に求めることはできないのですが，近似的に求めることは古くから知られていました．例えば，古代ギリシャの数学者であり天文学者でもあったプトレマイオスは三角比 $\sin$ や $\cos$ を $0.5°$ 刻みで計算した数表を与えています．プトレマイオスが行った方法は次のものです．$\sin$ の代わりに $\cos$ を計算します．$\sin \theta = \pm\sqrt{1 - \cos^2 \theta}$ であり，平方根を近似的に計算して行く方法（開平算）は古くから知られていましたから，

cos から sin が求められます．またユークリッド幾何で，三角比の加法公式や倍角公式はよく知られていました．cos の倍角公式 $\cos 2\theta = 2\cos^2\theta - 1$ から逆に半角公式

$$\cos\theta = \sqrt{(1+\cos 2\theta)/2}$$

が得られます．従って開平算より $\cos 2\theta$ から $\cos\theta$ を近似的に求めることができます．また加法公式を用いると，2 つの角の和や差の sin, cos をもとの値から開平算によって求めることができます．ギリシャ時代には，$\cos 60° = 1/2$, $\cos 45° = 1/\sqrt{2}$ であることや，正 5 角形の辺と対角線の比（第Ⅲ話 5 節参照）から，$\cos 72°$ の値も知られていました．プトレマイオスは，これらのデータから $12°, 6°, 3°, 1.5°$, の正弦，余弦の近似値を順次計算しました．さらに $1.5°$ より小さい角については，正弦のグラフがほぼ直線であることから，$1°, 0.5°$ の正弦，余弦の近似値を得たのです．もちろん今日では，このような数表は解析学を用いて得られるこれらの関数のさまざまな級数展開からコンピュータを用いて容易に計算することができます．

　上に述べたことは，特に $\sin 1°$ や $\cos 1°$ が有理数でないことも示しています．実際，もし有理数なら $1°$ が定規とコンパスで簡単に作図できるからです．しかしこれは $1°$ が作図不能であるという難しい事実を用いていえることで，簡単に示せることではありません．ちなみに，京都大学の入試問題に

　「$\tan 1°$ は有理数か？」

というのがありました．おそらく単なる計算問題ではないこれまでの入試問題の中で最短のものかもしれません．$\tan 1°$ が無理

数であることは $\sin 1°$ や $\cos 1°$ と同様に予想できるのですが,$\tan 1°$ の場合,証明はずっと簡単です.証明を与えておきましょう.まず tan の加法公式

$$\tan(\theta + \theta') = \frac{\tan\theta + \tan\theta'}{1 - \tan\theta\tan\theta'}$$

が必要です.これは sin, cos の加法公式(第 V 話 4 節参照)から簡単に求められます.従って,$\tan\theta$, $\tan\theta'$ が有理数なら $\tan(\theta + \theta')$ も有理数であり,また,$\tan\theta$ が有理数なら $\tan 2\theta$, $\tan 3\theta$, $\cdots$, $\tan n\theta$ も有理数です.いま $\tan 1°$ が有理数と仮定すると,$\tan 30° = 1/\sqrt{3}$ も有理数となりますが,これは矛盾です.

2 | 弧度法 —— 円弧の長さとはなにか

　半径 1 の円の中心を頂点とする角に対し,対応する円弧の長さによって角の大きさを表わすのが弧度法です.角 θ に対する円弧の長さが l のとき角 θ の大きさは l ラジアンであるといいます.従って全周は,円周率を π とするとき 2π ラジアン,直角は $\pi/2$ ラジアンです.2 つの角 θ, θ' の大きさがそれぞれ l, l' ラジアンのとき,直感的に明らかなように,角の和 $\theta + \theta'$ の大きさは $l + l'$ ラジアンになります.これは,角の大きさを正弦 $\sin A$ で測ることに比べると大きな利点です.三角形の

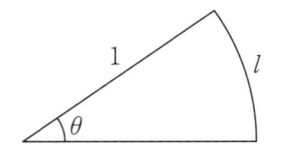

角 ∠A に対する三角比，例えば sin ∠A などは，角をなんらかの方法で実数値 t で表わせば，$\sin t$ のような実数上の関数になります．このようにして得られる関数を三角関数と呼びます．角を数で表わす方法はいくらでもありますが，理論的に都合の良いのがラジアンなのです．例えば，付録で述べる三角関数の微分はラジアンを用いるときが最も簡単な形になります．その理由は，弧度法と度数法は単位としての性格が異なるからです．度数法では，単位となる角を $1°$ として定め，一般の角の大きさをその何倍であるとして測ります．今，単位となる角を取替える，例えば全周を 100 等分した角を 1^* と表わして角を測ることも可能です．これは長さをメートルでもフィートでも測れるのと同じことです．ところで，半径が r の円で，中心角が ∠A の円弧の長さを s とするとき比 $\dfrac{s}{r}$ が一定であることが証明できます．$r=1$ のときの円弧の長さ θ が角 ∠A をラジアンで測った値でした．つまりラジアンは比 $\dfrac{s}{r}$ で定義してもよく，これは半径や円弧をどのような長さの単位で測ろうと変わりません．度数法の単位 $°$ や長さの単位メートル m などは，数学的には特別の意味はありません．逆にいうと，計算の途中などで単位の記号 $°$ を省略することは間違いの元になります．しかし弧度法では単位を「選ぶ」必要はなく，数学的意味だけでその値が定まっているのです．

さて，それでは弧度法で角を測ることには問題点がないのでしょうか？ この節の最初に述べたように，角についてはユークリッド幾何では完全な扱いが難しいのです．直線と実数の関係は厳密に関係づけられますが，「曲線」の長さや，図形の面積などは直感に頼る部分があります．例えば円周には長さがあることは

当たり前に見えます．円に内接する正多角形や外接する正多角形の周の長さが，角数が大きくなるときそれぞれ収束し，同じ極限値をもつことがギリシャ時代から知られていました．そしてこのことから円周の長さや，円周率の計算ができたのです．

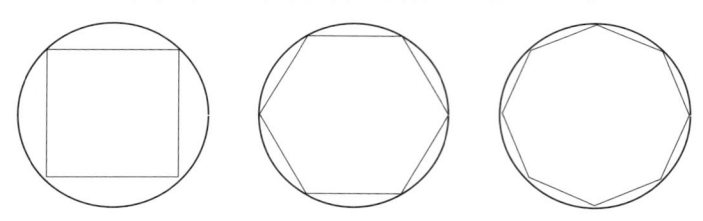

しかし曲線に長さがあるということに一般的には根拠がないことは，次のような例からわかります．

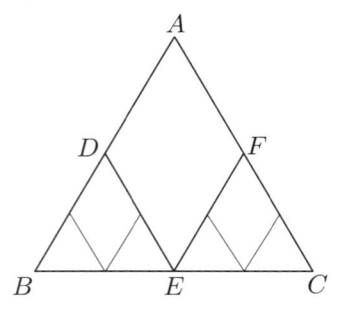

右図のような正三角形 ABC において，3 つの辺 AB, BC, CA の中点をそれぞれ D, E, F とします．このとき 5 点 B, D, E, F, C を結ぶ折れ線 l_1 の長さは辺 BC の長さの 2 倍です．同じことを 2 つの正三角形 DBE, FEC について行うと，折れ線 l_2 が得られますが，その長さはやはり辺 BC の長さの 2 倍です．この操作を繰り返して得られる折れ線の列 $l_1, l_2, \cdots$ を考えると，明らかに線分 BC に「収束」します．しかしその「長さ」は BC の長さに収束しません．

それでは，円周や円弧に長さがあることはどのように保証され

るのでしょうか？ 円周の場合，上のような正多角形の周長は収束するように見えます．しかしその収束先とは何でしょうか？前話に述べたことを使えば，その収束先として 1 つの「実数」が定まります．実は，円周の長さというのはもとから存在するのではなく，この実数のことであると「定義」したものなのです．より一般に微積分学で学ぶ曲線の長さを求める方法を思い出しましょう．x, y 平面の曲線 C はパラメーター t を用いて

$$x = f(t),\ y = g(t)$$

で表わされるとします．$f(t), g(t)$ は微分可能で，その導関数 $f'(t), g'(t)$ は連続であると仮定します．このとき微積分学のよく知られた議論から，パラメーター t が $a \leq t \leq b$ の範囲で動くとき，次の定積分

$$\int_a^b \sqrt{f'(t)^2 + g'(t)^2}\,dt$$

は有限の確定値を与えることがわかります．この値をパラメーター t が $a \leq t \leq b$ を動くときの曲線 C の長さと「定義」するのです．ただし，パラメーター t が $a \leq t \leq b$ の範囲で動くとき，曲線を「重複」していないことがもちろん必要です．

　それでは，単位円の場合を考えてみましょう．パラメーターを用いて普通に考える単位円の方程式は，

$$x = \cos t,\ y = \sin t$$

です．ただし t はラジアンで測った角で $\cos, \sin$ は三角比です．

このとき，付録定理 A6 から

$$(\cos t)' = -\sin t, \quad (\sin t)' = \cos t$$

になるので，パラメーターが 0 から l まで動くとき，円弧の長さは

$$\int_0^l \sqrt{(-\sin t)^2 + (\cos t)^2} dt = \int_0^l dt = l$$

で与えられます．パラメーターはラジアンで測った角でしたから，これは正にラジアンの定義に合っていることがわかります．この議論は半径が r の一般の円についても成り立ち，前に述べたように，角が同じとき半径と円弧の比が半径によらず一定であることも簡単に証明できます．

しかしながら，この議論には重大な落とし穴があります．付録定理 A6 の証明では，$\cos t, \sin t$ の微分を求めるには，ラジアンが定義できること，つまり円弧には長さが定まることや，円弧などで囲まれた図形に面積があることなどが，「あらかじめ」仮定されているのです．つまり，円弧に長さがあることをいうのに，あらかじめ円弧に長さがあることが仮定されており，いわゆる循環論法になっているのです．つまり三角比 $\cos t, \sin t$ の定義や性質は，やや厳密さに欠ける幾何学的直感によっているといえます．

これを解決するには，幾何学的に三角比として定義された $\sin t$ や $\cos t$ のような関数とは別に，微分などの性質がそれらとまったく同じであるような関数を異なる方法（解析的方法）で定義できることをいえばよいのです．これについては，付録 B で解説

していますが，答えをいってしまいますと，これらの関数（同じ cos, sin と表わす）は次のようなベキ級数

$$\cos t = 1 - \frac{t^2}{2!} + \frac{t^4}{4!} - \frac{t^6}{6!} + \cdots$$
$$\sin t = t - \frac{t^3}{3!} + \frac{t^5}{5!} - \frac{t^7}{7!} + \cdots$$

で与えられます．ベキ級数の性質を調べるには微積分学の知識がかなり必要で，本書でそれらを詳しく説明することはできませんが，それらを仮定した上で，この関数たちが必要な性質をみたすことや，円周率 π の正確な定義などを指数関数の場合とまとめて付録で解説します．さしあたりは，幾何的な直感で定義され（それゆえ理解しやすい）ラジアンや三角関数には解析的な裏付けがあることを覚えておいてください．

3 | 角の3等分 —— ギリシャ以来の不可能問題

定規とコンパスで一般の角の3等分がなぜできないのかを簡単に述べておきましょう．まず，定規によって異なる2点を通る直線を引くことができます．このことを x, y 平面で考えましょう．2点の座標をそれぞれ (x_1, y_1), (x_2, y_2) とします．このときこの2点を通る直線の方程式は一般に

$$(x_2 - x_1)(y - y_1) - (y_2 - y_1)(x - x_1) = 0$$

で表わされます．実際，この式は x, y の1次式だから直線を表わし，代入すればわかるように，2点 (x_1, y_1), (x_2, y_2) を通り

ます．次に，コンパスによって中心の座標が (x_0, y_0), 半径が r の円

$$(x - x_0)^2 + (y - y_0)^2 = r^2$$

を描くことができます．従って，2つの直線や円の交点を求めることは，これらの方程式を連立させ，高々2次の方程式を解くことに帰します．逆にいうと，定規とコンパスで得られるものは，与えられたデータから定まる1次または2次の方程式の解なのです．

さて，角 θ を3等分したいとします．これは $\cos\theta$ の値から $\cos(\theta/3)$ を求めることと考えてよいでしょう．3倍角の公式というのがあります．これを求めるには，加法公式を繰り返し使ってもよいのですが，次の第Ⅵ話で述べるドモアブルの公式を用いるのが便利です．

$$\begin{aligned}
&\cos 3x + i\sin 3x = (\cos x + i\sin x)^3 \\
&= \cos^3 x + 3i\cos^2 x \sin x - 3\cos x \sin^2 x - i\sin^3 x \\
&= \cos^3 x - 3\cos x(1 - \cos^2 x) + i\sin x(3\cos^2 x + \cos^2 x - 1) \\
&= 4\cos^3 x - 3\cos x + i\sin x(4\cos^2 x - 1)
\end{aligned}$$

ですから，余弦について $\cos 3x = 4\cos^3 x - 3\cos x$ が得られます．従って $\cos\theta = a$ が与えられたとき，$\cos(\theta/3)$ は3次方程式 $4t^3 - 3t = a$ を解くことによって得られます．このような方程式は，一般には3乗根を用いなければ解くことができません．しかし，定規とコンパスで作図できるのは，2次方程式を解く，つまり加減乗除と平方根を用いて解ける場合に限りますから，角の3等分は定規とコンパスでは作図できないのです．

しかし，高校でも学ぶように，3 次方程式は常に実数解をもちます．これは中間値の定理（付録定理 A4 参照）という実数の性質を用いて示されます．従って上の方程式 $4t^3 - 3t = a$ にも実数解はあるのですが，その解を定規とコンパスで求めることは一般にはできないというのが上で述べたことです．しかし，定規とコンパス以外の用具を用いて角の 3 等分をする，つまり上の方程式を解くことは可能なのです．

よく知られているのは，特定の長さを測ることのできる定規，つまり，定規の 2 か所に目盛りが付いているものです．先ほど述べた「定規とコンパス」には，そのような目盛りはついていません．どんな定規にも目盛りを付けることは可能ですが，何が違うかといいますと，「定規とコンパス」という場合は，あくまで 2 点を通る直線を引くこと以外のことはできないと約束しているのです．

さて，目盛りの付いた点の間の長さは議論に関係がないので 1 としておき，そのような定規を 2 つ (T_1 と T_2) 用意します．さて 3 等分したい角を θ とします．図のように x 軸の点 $P(1, 0)$ を中心とし半径 1 の円 C（従って原点 O を通ります）を考えます．点 P を通り，x 軸と θ の角をなす半直線を l とします．定規 T_1 の一方の目盛り M_1 を点 P に固定し，もう

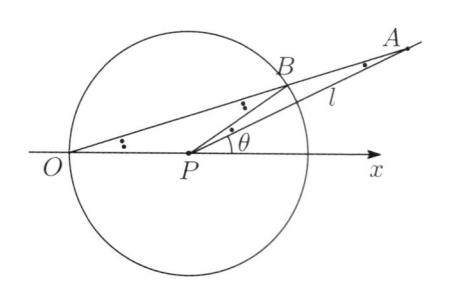

一方の目盛り N_1 が円 C 上を動くようにしておきます．別の定規 T_2 を，原点 O を通り，かつ一方の目盛り M_2 が直線 l 上に来るように動かします．ただし，もう一方の目盛り N_2 は O と M_2 の間にあるようにしておきます．2 つの定規を調節して，定規 T_1 の目盛り N_1 と定規 T_2 の目盛り N_2 が一致するようにします．一致した点が図の B としますと，図から明らかなように $\angle OAP = \theta/3$ になります．

上に述べた操作は，定規 T_2 が原点 O を通りながら，目盛りの一方の点 B が P を中心とし半径 1 の円 C 上を動くとき点 A の軌跡のなすグラフと，直線 l との交点を求めることに他なりません．そこで，角 $t = \angle BOP$ をパラメータにとって，点 A がみたす方程式を考えてみます．線分 OB と x 軸のなす角は $(2/3)\theta$ であることに注意しましょう．点 A の座標を (x, y) とすると

$$x = 1 + \cos 2t + \cos t = \cos t(2\cos t + 1)$$
$$y = \sin 2t + \sin t = \sin t(2\cos t + 1)$$

です．従って，$r = OA = \sqrt{x^2 + y^2}$ とすると，極方程式

$$r = |1 + 2\cos t|$$

が得られます．

これは E. パスカル（パンセや人間は考える葦であるで有名なパスカルの父親です）の蝸牛（かたつむり）曲線と呼ばれるものです．つまり，目盛り付き

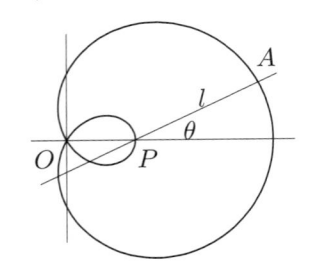

定規があれば，パスカルの蝸牛曲線を描くことができ，図の直線 l との交点 A を求めれば，原点 O と A を結んだ直線と，x 軸のなす角が 3 等分線になるのです．

4 | 図形の面積 —— 突然すべての面積が 2 倍になったら

　三角形の面積は（底辺×高さ）÷2 であると学びます．ではなぜそうなのか，と問われると，長方形の面積が（たて×よこ）だからというのが普通の答えでしょう．しかしこれでは，三角形から長方形に問題を移しかえただけで答えになっていません．また 1 辺の長さが 1 メートルの正方形の面積は 1 平方メートルです．しかしこれも平方メートルという単位を定めているだけの約束にすぎません．もしどこか外国の学校で，三角形の面積は（底辺×高さ）であり，他の図形の面積も私たちが考える面積の 2 倍であると教えているとしたら，どこがおかしいかを指摘できるでしょうか？　そんなくだらないことをといわず，少し考えて見てください．

　面積とはなんでしょう．三角形や平行四辺形の面積は，ユークリッド幾何の主要な概念です．第 I 話で述べたように，古典的ユークリッド幾何では，直線や線分あるいは線分の長さといった最も基本的な事柄の具体的な定義は与えられていません．それらについては，みたすべき性質を公理の形で述べてそこから議論が展開されます．古典的ユークリッド幾何では面積の考え方も同様です．三角形や四辺形のような多角形には「面積」と呼ばれるも

のがあるというのが出発点になります．そして面積がみたすべき基本的な性質と考えられるのは次のようなものです．

(1) 基準となる図形，例えば 1 つの正方形を選んでおけば，すべての図形の面積は，基準となる図形の面積との比として実数で表わされる．
(2) 合同な図形の面積は等しい．
(3) 図形 A が 2 つの図形 B, C に分割されるとき，A の面積は B と C の面積の和に等しい．

ただし，2 つの図形は一方を回転と平行移動によって動かし他方に重ね合わせられるとき，合同であるといいます．図の 2 つの長方形は 90° 回転して平行移動すれば重なり合うので合同です．

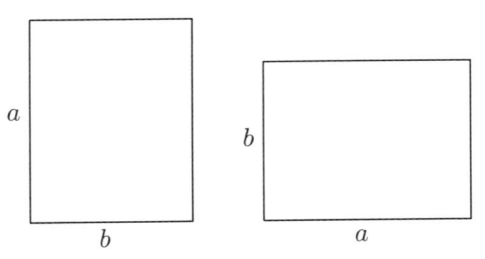

また，図形 A が 2 つの図形 B, C に分割されるというのは，集合として A が B と C の和になっていて，B と C の共通部分はないか，またはそれぞれの辺の一部になっていることをいいます．この 3 つの性質は，図形の面積として当然みたすべきものと考えられます．

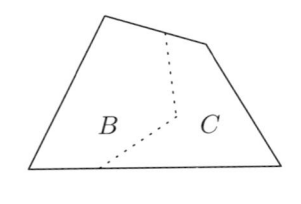

さらに

(4) 図形 A が B の真の部分集合（$A \subset B$）であれば A の面積は B の面積より小さい．
(5) 図形 A に含まれる図形の列 $A_1 \subset A_2 \subset \cdots$ が A に「収束」するとき，A_i の面積は A の面積に収束する

というような性質も，辺の長さが無理数の長方形や，円のような図形の面積を考えるときは必要となります．

これらの基本的な性質から，私たちがよく知っている図形の性質を導くことができます．例えば，平行四辺形をその対角線で 2 つの（合同な）三角形に分けたとき，三角形の面積は平行四辺形の面積の半分であることや，底辺と高さが等しい平行四辺形の面積が等しいことは，下の図から示すことができます．

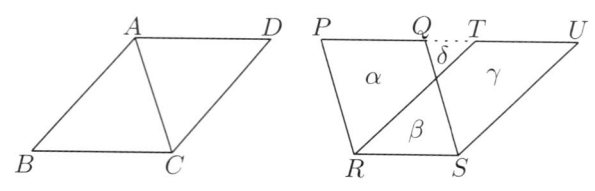

最初の主張は図から明らかです．後の主張は次のように示されます．右の図のような状況のとき，$\alpha, \beta, \gamma, \delta$ をそれぞれ四辺形や三角形の面積とします．まず，三角形 $\triangle PRT$ と $\triangle QSU$ は合同であることに注意しましょう．このとき $\alpha + \delta = \gamma + \delta$ だから $\alpha = \gamma$ になります．従って $\alpha + \beta = \gamma + \beta$ ですが，これは 2 つの平行四辺形の面積が等しいことを意味します．また，これより同底同高の 2 つの三角形は面積が等しくなります．また，(4)

の性質を用いれば，逆に同底の2つの三角形の面積が等しければその高さが等しいこともわかります．

さて1辺の長さが1の正方形を基準の図形にとっておきます．このとき例えば，たて，よこがそれぞれ2,3の長方形は6個の基準の正方形に分割できるから，面積は基準の正方形の面積の6倍です．たて，よこが有理数 a, b の長方形についても同様に，面積は基準の正方形の面積の ab 倍であることは容易にわかります．たて，よこの長さ a, b が実数の場合も，a, b に収束する有理数の列を考えると，面積の連続性（性質 (5)）から，同じことが成り立ちます．そこで基準の正方形の面積が I であるとしますと，たて，よこの長さが a, b の長方形の面積は abI となります．従って前段で述べたように，高さ a, 底辺の長さ b の平行四辺形の面積も abI であり，高さ a, 底辺の長さ b の三角形の面積は $abI/2$ となります．

ここで，この項の冒頭の問題に戻りましょう．そもそも，基準となる正方形，つまり1辺の長さが1の正方形の面積 I とは何でしょう？ 上の議論から，I を決めておけば他の図形の面積は定まるのですが，I そのものを決める基準はないのです．$I = 1$ とするのは自然のように見えますが，I をどんな実数にとっても上に述べた面積の性質はすべてみたされ，矛盾になることは起こりません．一般の多角形は三角形たちに分割（対角線をとっていけばよい）できることを考えると，三角形の面積が簡単な形になる方が便利ともいえます．そのときは $I = 2$ で三角形の面積は底辺×高さになります．つまり，1辺の長さが1の正方形の面積が1であるというのは「約束」なのであって，結局，面積の表わ

し方は定数倍を除いてしか決まらない，というのが冒頭の問題の答えなのです．

さて，改めて面積の基本的性質に戻りましょう．そもそもそのような性質をみたす面積というものが「存在」するというのは本当でしょうか？　本当であるとしても，それはどのようにしてわかるのでしょうか．ギリシャ時代に公理をみたす「直線」が存在することは，だれもが当たり前と考えており，そのことからさまざまな定理が証明されました．しかし，直線やその長さと，図形の面積を同列に扱うことはできないのです．実は，面積の存在を「天下りに」認めてしまうと妙なことになってしまうのです．長方形の面積は（たて×よこ）であるとします．107頁の図のように90°回転すれば，たてはよこ，よこはたてになるので $ab = ba$ になります．しかし算術の基本定理である乗法の交換可能性が，何も使わず証明できるというのはどこかおかしいでしょう．長方形の面積が回転しても変わらないことを，逆に算術の定理を用いて示すのが普通です．

別の例を考えます．三角形の面積は（底辺×高さ）÷ 2 であるとしましょう．合同な図形の面積は等しいから，適当に回転して考えれば，三角形の3辺のどれを底辺としてとっても上式は等しいはずです．従って，面積の存在を認めてしまえば，図のような三角形 $\triangle ABC$ で $BC \cdot AH = AC \cdot BK$

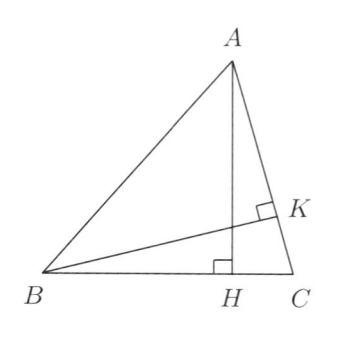

第V話　角度と面積と左右

の成り立つことが「直ちに」示されることになります．しかし三角形 $\triangle ACH$ と $\triangle BCK$ は角 $\angle C$ が共通だから相似であり，辺の比例関係から上の等式が得られるというのが普通の証明なのです．

最後に三角関数の加法公式を考えます．これは，この話の前半でも考えましたが，本書でも複素数や一般的な指数関数において中心的な役割を果たします．数学における最も重要な公式の1つであるといってよいでしょう．まず sin についての公式

$$\sin(\alpha + \beta) = \sin\alpha\cos\beta + \cos\alpha\sin\beta$$

の「面積を用いた」証明を与えます．

ここでは2つの角 α, β がともに鋭角の場合を考えます．その他の場合も同様です．図のように点 P から適当な直線に垂線を下ろしその足を O とします．直線上に点 A, B を $\angle PAO = \alpha$, $\angle PBO = \beta$ となるように取ります．このとき三角形 PAO, PBO, PAB の面積について $\triangle PAO + \triangle PBO = \triangle PAB$ が成り立ちます．従って

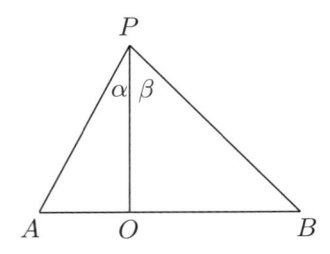

$$\frac{1}{2} PA \cdot PB \cdot \sin(\alpha + \beta) = \frac{1}{2}(PA \cdot \sin\alpha)(PB \cdot \cos\beta)$$
$$+ \frac{1}{2}(PA \cdot \cos\alpha)(PB \cdot \sin\beta)$$

であり，これより求める公式が得られます．特に，三角形 PAB

が直角三角形,つまり $\alpha + \beta = 90°$ のとき,よく知られた式

$$\sin^2 \alpha + \cos^2 \alpha = 1$$

が得られます.

　上の証明は確かに直感的でわかりやすいのですが,前の例と同じく,面積とはなにかを突き詰めていくと循環論法になっている恐れがあります.念のため,面積を用いない証明を与えておきましょう.上と同様に角 α, β はともに鋭角で $\alpha + \beta \le 90°$ の場合を考えます.他の場合も同様です.図のように,x 軸と OA のなす角を α,角 $\angle AOB$ を β とします.B から x 軸および OA に下ろした垂線の足をそれぞれ H, K とし,K から x 軸および BH に下ろした垂線の足をそれぞれ K', M とします.このとき角 $\angle BHO$ と $\angle BKO$ はともに直角ですから,図から明らかなように $\angle HBK = \alpha$ になります.このとき

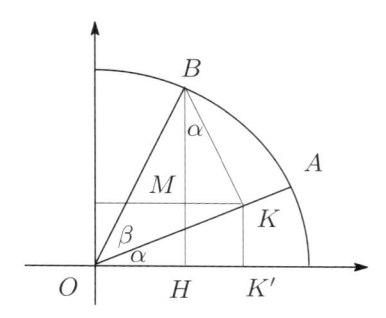

$$\sin(\alpha + \beta) = MH + BM = \sin\alpha \cos\beta + \cos\alpha \sin\beta$$

です.

5 | 面積の定義とボヤイの定理

　以上に述べたことから，面積が存在することを前提に議論するのは問題があることがわかります．そこで現在の幾何学では，面積を「直接的，具体的に」定義します．まず，三角形の面積を（底辺×高さ）÷2と定義します．前述したように，三角形の底辺をどの辺にとってもこの値は同じであることが証明できるので，このように定義した面積は三角形だけから決まります．またこのことから2つの三角形が合同であれば面積が等しいことも示すことができます．一般の多角形は，例えば対角線をとっていけば，いくつかの三角形に分割できるので，そのような小三角形の面積の和として定義します．このような分割の仕方はたくさんありますが，面積が分割の仕方によらないことは面倒ではありますが証明することができます．さらに，冒頭で述べたような (1) から (5) の性質をみたすことは，算術の性質（$ab = ba$, $a(b+c) = ab+ac$ など）や実数の性質などを用いて示すことができるのです．この項の最初に述べたように，なにかしら図形の面積というものが存在し，(1) から (5) の性質が成り立つならば，三角形の面積は，定数倍を除けば（底辺×高さ）÷2でなければなりませんでした．結局は同じものになるにしても，面積が「暗」に存在すると仮定するか，具体的な定義から始めるかという出発点が違うのです．

　最後に面積について，ファルカシュ・ボヤイ（非ユークリッド幾何で有名なハンガリーの数学者ヤーノシュ・ボヤイの父親）の定理と呼ばれるものを紹介しましょう．2つの多角形は，それぞれをいくつかの三角形の和に分割し，それぞれの小三角形が互い

に 2 つずつ合同になるようにできるとき，分割合同であるということにします．このとき，この項の最初に述べた面積の性質から，分割合同な多角形の面積は等しいことがいえます．ところが，これの逆の主張，つまり

「面積が等しい多角形は分割合同である」

ことがいえるのです．これがボヤイの定理です．

証明は次のようにします．この項の始めに，同底同高の三角形は面積が等しいと述べましたが，証明をよく見れば実は分割合同であることがわかります．特に任意の三角形は，同底同高な直角三角形に分割合同になります．そこでまず，面積が等しい 2 つの直角三角形が分割合同であることを示しましょう．図のような直角 $\angle O$ を共有する直角三角形 OAB, $OA'B'$ を考えます．この 2 つの三角形の面積が等しければ $OA \cdot OB = OA' \cdot OB'$ だから，比例の関係から 2 直線 AB', $A'B$ は平行になります．従って，三角形 $AA'B$, $A'BB'$ は同底同高だから上に述べたように分割合同です．従ってこれらの三角形に同じ三角形 $OA'B$ を付け加えた直角三角形 OAB, $OA'B'$ も分割合同になります．

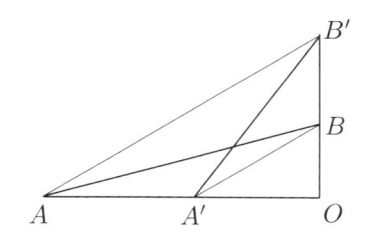

次に，面積が等しい任意の 2 つの三角形に対して，それぞれ面積が等しく分割合同な直角三角形がとれます．従って上に述べたことから面積が等しい 2 つの三角形は分割合同になります．

また，一般の多角形は，面積の等しい三角形に分割合同であることがわかります．例えば図のような四辺形 $ABCD$ については，点 A を通り，辺 BD に平行な直線と，辺 CD の延長との交点を P とすると，三角形 ABD と PBD は同底同高だから分割合同です．従って四辺形 $ABCD$ と三角形 PBC は分割合同になります．以上を組み合わせると，ボヤイの定理が得られます．

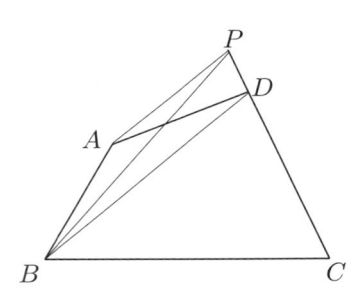

さて，1 次元の図形で多角形にあたるものは，線分です．線分には「長さ」が定義され，2 つの線分は長さが等しいことと合同であることが同値です．2 次元の多角形では，面積が等しくとも合同であるとは限りませんが，ボヤイの定理から，面積が等しいことと分割合同であることが同値であることがいえます．では 3 次元の図形，つまり多面体の体積についてはどうなるでしょうか．多面体についても，基本的な多面体（多角形の場合の三角形にあたる）としては四面体を考え，分割合同の概念が定義できます．2 つの多面体が分割合同であれば体積が等しいことは明らかです．この逆，つまりボヤイの定理の体積版はどうなるでしょうか？ 特別な場合として，底面積と高さがそれぞれ等しい四面体は分割合同になるか，という問題があります．これは初等的な数学の問題に見えますが，有名なヒルベルトの 23 問題の第 3 番目の問題なのです．これは，ヒルベルトが問題を提出して数年後，デーンという数学者によって反例が見つけられました．線分の長

さ，多角形の面積，多面体の体積というものは，次元が上がったとき単純に同じことがいえるものではないようです．

6 │ 右と左 ── 鏡の中の上下，左右と前後

　前後，左右，上下というのは空間の方向を表わす言葉で，日常的な使い方では問題になることはあまりありません．しかし，「鏡に映った像などを考えるとき，左右は入れ替わるのに上下は変わらないのはなぜ？」というような疑問をもつ人も多いでしょう．これらはたいてい，左右というような言葉についての誤解が原因なのですが，空間の方向付けということが正しく理解できていないことにもよるのです．

　まず，辞書（大辞林）で「左」という言葉を引いてみましょう．その第1義としては

　「空間を二分したときの一方の側．その人が北を向いていれば，西にあたる側」

とあります．ちなみに，「北」を引くと

　「方角の一つ．日の出に向かって左の方向」

でした．これは典型的な循環論法です．つまり，「左」とはなにかを知るには「北」を知らねばならず，「北」とはなにかを知るには「左」を知らねばならないのです．それでは，「左」を定義する方法はないのかというと，普通は人間の体の「非対称性」を用います．人間は，上下，前後，左右の3つの軸それぞれについて対称にはできていません．頭と足，腹側と背中，さらに心臓のあ

る側とその逆側です．ですから，それぞれの人は心臓のある側を「左」，その側にある手を左手と呼べばよいのです．ここで，3つの軸すべてが非対称になっていることが重要です．例えば，前後が対称，つまりおなかと背中が区別がつかない（実際そうだと気持ち悪いですが）とすると，後ろ向きになっても区別がつきません．本人にとっては心臓のある側を左とすればよいのですが，見た目は変わらないのに後ろ向きになれば左右は入れ替わるから，客観的に左側を指定することはできないのです．また，車を運転していて，次の交差点で左折するというときも，前後の非対称性がなければ意味がありません．もう1点注意が必要です．人間の体が非対称であるといっても，単にそれぞれの人が非対称であればよいわけではありません．心臓の位置が人ごとに違っていれば，左右を決めることはできないでしょう（心臓が右にある人もいるそうですが，ごく稀なので実際上は問題にはならないでしょう）．京都の地名で，左京区，右京区というのがあります．京都市の地図を広げるとわかるように，左京区は右京区の「右側」にあります．この理由ははっきりしています．昔の中国では「天子は南面す」とされていて，日本でも天皇は群臣に対し南面して座られていました．つまり，左京，右京というのは，天皇から見て左，右であったのです．

　さて，姿見のような垂直の鏡に映ったあなたの像について考えましょう．このとき，明らかに前後は入れ替わります．前後の軸は鏡に垂直だから，後ろから前への矢印の向きを考えると，鏡の中では逆になります．ただし，おなかの像はおなかであり，背中の像は背中です．入れ替わっているのは，背中からおなかへの

方向です．上下は変わりません．頭は上のほうにあり，足は下です．ところが，左右は入れ替わるように見えます．そう感じる理由はなんでしょうか？　それは2つあります．1つは，鏡に映ったあなたの左手が右手のように見えることです．もちろん，実際は右手であるわけはなく，そう見えるだけなのですが，その理由は，手の形（手の甲と手のひら，指先と手首，親指と小指）も非対称だからです．もし，手が腕の先についた球形のボールのようなものであれば，右と左が入れ替わったと感じることはないでしょう．もう1つは，あなたが体全体を左に傾けたとき，鏡の中のあなたは，体を右に傾けたように見えることです．これは，すぐ上で述べた左右の問題とは違ったタイプの問題に見えます．そこで次のような状況と比べてみましょう．あなたには瓜二つの双子の兄弟がいて，鏡の代わりに置かれた透明なガラスの向こう側の，鏡でいえば虚像のある位置にこちらを向いて立っているとします．あなたが体を左に傾けるとき，あなたの真似をする双子の兄弟は体を「右」に傾けることになります．鏡の中のあなたの虚像と，あなたの双子の兄弟では何が違うのでしょうか？　外見は同じでも，あなたの虚像の心臓は，双子の兄弟とは「反対側」にあります．あなたの虚像にとって，心臓のある側が左とするなら，あなたの虚像は体を「左」に傾けていることになります．左右がわかりにくいのは，非対称な心臓の位置が外からは見えず，外見からは左右対称に見えるからです．もし，ある種のカニのはさみのように，左手が右手の2倍の大きさであれば，鏡の中の左右についての誤解はかなり減るでしょう．

さて、鏡の中の像についてもう少し数学的に考えてみましょう。実際の鏡だと、あるものの像は虚像であって実在するものではありません。数学では、空間内の 1 つの平面 Π （鏡にあたる）に
対し、対称変換、あるいは鏡映変換と呼ばれるものが定義されます。これは空間の各点に対し、平面 Π に関して対称な点を対応させる変換のことです。鏡の像とは違って、空間の点の像はやはり空間のある点です。従って、空間の図形の像も虚像などではなく、同じ空間内の図形なのです。次元が 1 つ小さい場合、つまり、平面内の 1 つの直線に関する対称変換は、高校の一次変換で学びます。上図の直線 l に関し、点 P の対称変換による像は P' とします。さらに別の直線 l' に関する対称変換を続けると、点 P' は P'' に移ります。元の点 P から見ると、これは 2 直線 l, l' の交点 O を中心とする「回転」であることが直感的にもわかるでしょう。空間内の平面に関する対称変換（鏡映）についても同じです。平行でない 2 つの平面 Π, Π' に関する鏡映を続けると、2 つの平面の交わりである直線を中心軸とする空間の回転になります。

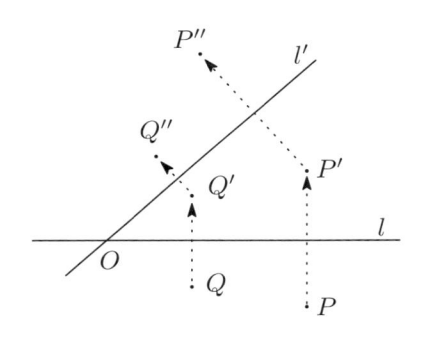

次頁の図は、90° で合わさった 2 枚の鏡を上から見ています。鏡の前に立った人 A の右側の鏡による像が B であり、（図の点線の位置には鏡はないのですが）B の像は C の位置に

できます．前段で述べた
ように，鏡映変換を2度
行うと，回転になります．
従って，像 C は A を
ちょうど $180°$ 回転した
ものであり，左右は本当
に入れ替わっています，
つまり左から右への矢印
は反対になっているので
す．しかし，A の右手の
像はやはり C の右手であり，A が右手を前に出せば C も右手を
前に出します．この意味では，右，左はなにも入れ替わっていな
いのです．

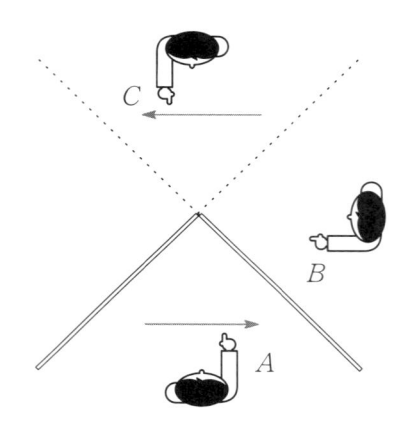

7 | 向き付けとはなにか ── メビウスの帯

さて，空間あるいは平面内の2つの図形は，一方を回転や平行
移動により動かして他方にぴったり重ねることができるとき，合
同であるといいます．回転や平行移動により動かすというのは，
回転や平行移動という変換を行うことだから，そのような変換で
移った図形は元の図形と合同です．ここで，空間あるいは平面内
の図形を対称変換で移した図形を考えましょう．一方，対称変換
は回転や平行移動とは異なりますから，移った図形はもとの図形
と合同とは限りません．しかし，それらはある意味でよく似てい

るので，移った図形をもとの図形の「鏡像」と呼ぶことにします．
図形とその鏡像はどういう関係にあるでしょうか？

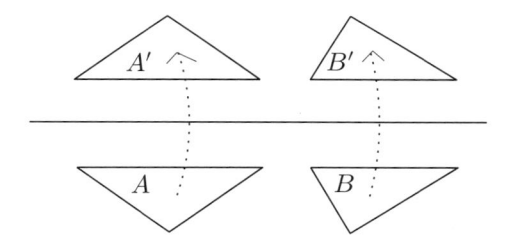

平面図形の場合，2等辺三角形 A と不等辺三角形 B を図のように対称変換したとき，A の像 A' は A と合同であり，B と B' は合同ではありません．B は平面の中ではいくら回転しても，裏返さない限り B' にはなりませんが，A は $180°$ の回転で A' に移ります．この例から直感的にわかるように，図形とその鏡像が合同になることは，図形になんらかの「対称性」があることを意味します．空間図形でも同じことがいえます．ここで，図形とその鏡像が合同でないような図形を「非対称」であるといいましょう．例えば人間の手の形は非対称です．左手の鏡像は右手です（形だけを問題にしています）．また，アミノ酸のような化合物は，ある炭素原子にアミノ基やカルボキシル基など4つの分子団が結合しています．この4つの分子団がすべて異なるとき，平面内の不等辺三角形と同様に，空間内でこのアミノ酸の「形」は非対称です．このようなアミノ酸（不斉アミノ酸と呼ばれます）とその鏡像のアミノ酸は，化学的性質はまったく同じで区別がつきませんが，光学的性質は異なります．つまり，偏光（光の波が

進行方向に関し1つの面に集中している光)をそのようなアミノ酸溶液に通すとき，偏光面が少し回転するのですが，不斉アミノ酸とその鏡像のアミノ酸では，回転する方向が異なるのです．ちなみに，アミノ酸を無機化学的に合成すると，不斉アミノ酸とその鏡像であるアミノ酸は等量に混じってできます．しかし，生体内でできるアミノ酸はすべていわゆる l-アミノ酸なのです．これは，生体内ではアミノ酸は生体酵素によって合成されるのですが，酵素自身がある種の不斉分子であり，すべての生物種の酵素が同じ側の不斉分子になっているからです．これはおそらく，生物がほとんど単一に近い原始生命から進化してきたことの証しなのでしょう．

　実際はあり得ないことですが，人間の体とその鏡像が合同になっていれば何事が起こるでしょうか．2等辺三角形はその鏡像と合同で，その鏡像を回転や平行移動で元の2等辺三角形に重ねることができます．人間の場合も，あなたはこの世界で適当に回転や平行移動をして，あなたの鏡像と重なることができることになります．このとき心臓のある側，つまり左側と，右側は区別がつかなくなってしまいます．また，右手と左手がこの世界で合同になっていればなにごとが起こるでしょうか？　少し考えればわかるように，右と左を定義することは不可能になるのです．逆にいうとこの世界には，その鏡像と合同にならない非対称なものが存在することで，左右，あるいは広い意味で方向を定めることができるのです．このようなとき，私たちの世界は「向き付け可能」であるといいます．

最後に，向き付け可能でない世界とはなにか，について触れておきます．メビウスの帯をご存じの方も多いと思いますが，簡単に説明しましょう．細長い長方形の帯を，長辺に沿って180°捩じってから，2つの短辺を貼り合わせて得られる図形です．この帯が紙でできているなら厚みがあります．従って表と裏の区別，つまり表に描かれた図形と裏に書かれた図形は別物です．しかし，数学ではこれを曲面と考えます．つまり，この図形は厚みがなく，従って表と裏の区別はないとするのです．このメビウス曲面上に，1つの不等辺三角形を考えましょう．この三角形をメビウス曲面の長辺に沿って動かし，もとの位置まで1周させます．このとき，三角形はちょうど裏返した形になっていることは簡単にわかります．しかし，三角形は単に平行移動しただけですから，合同なまま動いていったのです．つまり，この不等辺三角形はその鏡像と合同になっていることが示せます．従って，メビウス曲面は向き付け不能なのです．私たちが住む3次元の世界はどうでしょうか？私たちの眼の届くかぎりでは，向き付け可能に見えます．少しくらい動いて戻ってきても，右と左が入れ替わることは考えられません．しかし3次元の幾何学では，向き付け不能なメビウス曲面の3次元版の空間が存在することが知られています．私たちの宇宙全体がどのような形をしているかは知られていませんが，「もし」宇宙全体が向き付け不能なら，あなたが宇宙を1周して戻ってきたとき，あなたの心臓は「あなたにとっては」宇宙旅行中も

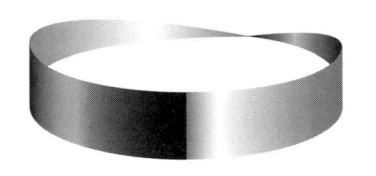

ずっと左側にあるにもかかわらず,地球に留まっている「私たちから」見れば右側にあるのです.

第VI話 | Episode VI

虚数 i はどこに存在する？

虚数とは imaginary number の訳語で，記号 i はその頭文字からきています．文字通り，実在しない想像上の数という意味です．世の中には実在はしないのですが，あると思うと便利なものはよくあります．しかし，虚数というのはただ便利というだけではなく，数学をする上で必須のものなのです．その意味では，虚数は実在すると考えたいのです．それでは虚数はどこに存在するのか，本話ではそれを見ていきましょう．

1 | 3次方程式のカルダノの公式

まず虚数の教科書風の定義から始めましょう．方程式 $x^2 = -1$ をみたす数を $\sqrt{-1}$ あるいは i という記号で表わし，虚数単位といいます．実数は2乗すると負にはならないから，i は実数の中には存在しません．虚数を学ぶ高校生のおそらく大多数は，そんな虚数の存在や，「どこに」存在するのかという疑問を抱いたまま，虚数や複素数の計算をしているように思えます．この状況は，ギリシャ時代のように有理数しか知らなかった人達が方程式 $x^2 = 2$ の解 $\sqrt{2}$ について悩んだことに似ていますが，少なくと

もギリシャ人は，1辺の長さが1の正方形の対角線の長さとして，$\sqrt{2}$ という数が「存在」することは知っていたのです．

i が虚の数，つまり見せかけの数あるいは想像上の数のように思われる原因は，高校の教育を通じてそもそも「数」とは何であるかが曖昧にされてきたことによります．実数と無限小数の話で述べたように，高校では数の体系とは，まず有理数があり，有理数ではない数，つまり無理数を合わせた実数のことでした．つまり，「数＝実数」という印象を持ったまま，$x^2 = -1$ をみたす「数」を考えなくてはならないはめになったのです．もちろん数とはなにかを正確にいい表わすことは困難ですが，さしあたりは，数＝実数という考えから抜け出すことが必要になります．

ここで，どうでもいいようなことですが，記号 $\sqrt{-1}$ について注意しておきます．正の数の平方根は，正のものと負のものがあり，$\sqrt{2}$ と書けば，正の平方根を表わす約束です．-1 の平方根，つまり $x^2 + 1 = 0$ の解も2つあって，一方は他方の -1 倍です．しかし，どちらが正であるかどうかを考えることは意味がありません．従って，$\sqrt{-1}$ あるいは i というのは，2つの解のうちのどちらであるかは決められません．普通は，2つのうちのどちらかを i と定めておいて，複素数の計算をしている途中で i が現われるなら，つねにあらかじめ決めておいた方とすれば問題が起きることはありません．

数学の歴史において，虚数 i はどのように姿を顕わしてきたのかを簡単に見ておきましょう．実数を係数とする2次方程式

$x^2 + ax + b = 0$ の解の公式

$$x = \frac{-a \pm \sqrt{a^2 - 4b}}{2}$$

はかなり古く（代数学が発展したとされるアラビア数学の時代）から知られていたと思われます．判別式 $D = a^2 - 4b$ が負のとき，この方程式は実数の解をもちません．しかし，実際の問題として，判別式が負の方程式は「不能」であるとしておけばよかったのです．ニュートンですら，判別式が負の方程式を不能と考えていました．虚数もなんだか必要だぞ，と思われるようになったのは，16 世紀イタリアの数学者カルダノによる 3 次方程式の解の公式です．実数を係数とする 3 次方程式

$$x^3 + ax^2 + bx + c = 0$$

が与えられたとき，$x' = x + d$ とおきますと

$$\begin{aligned}&(x'-d)^3 + a(x'-d)^2 + b(x'-d) + c \\ =& x'^3 + (a - 3d)x'^2 + (b - 2ad + 3d^2)x' \\ & - d^3 + ad^2 - bd + c = 0\end{aligned}$$

です．元の方程式を解くには，下の方程式を解けばよいのですが，$a - 3d = 0$ となるよう d をとっておくと，下の式の x'^2 の項は消えます．そこではじめからそのような形の方程式

$$x^3 + 3px + q = 0$$

を考えます．ここで x の係数を $3p$ としたのは，以下の公式の形がきれいになるための技術的理由からです．ここで天下りのよう

ですが，この方程式の解を2つの数 u と v の和 $u+v$ に表わしたとします．このとき

$$(u+v)^3 + 3p(u+v) + p$$
$$= u^3 + u^3 + 3(uv+p)(u+v) + q = 0$$

です．従って
$$u^3 + v^3 = -q, \quad uv = -p$$

をみたす u, v が求められればよいことになります．$u^3 = \alpha$, $v^3 = \beta$ とおきます．このとき

$$\alpha + \beta = -q, \quad \alpha\beta = -p^3$$

ですから，α, β は実数係数の2次方程式 $t^2 + qt - p^3 = 0$ の2解です．従って2次方程式の解の公式から

$$\alpha = (-q + \sqrt{q^2 + 4p^3})/2, \quad \beta = (-q - \sqrt{q^2 + 4p^3})/2$$

になります．u, v はそれぞれ α, β の3乗根です．判別式 $q^2 + 4p^3 \geq 0$ であれば，α, β は実数であり，実数としての3乗根 $u = \sqrt[3]{\alpha}$, $v = \sqrt[3]{\beta}$ はそれぞれただ1つ定まります．従って3次方程式の解の公式は

$$\sqrt[3]{(-q + \sqrt{q^2 + 4p^3})/2} + \sqrt[3]{(-q - \sqrt{q^2 + 4p^3})/2}$$

で与えられます．

　ここで注意しなければならない点があります．よく知られているように，実数を係数とする3次方程式には，複素数を含めると一般には3つの解があります．上の公式はそのうちの1つの解

を与えているにすぎません.あと2つの解は次のようにして得られます.上では実数である3乗根 $u = \sqrt[3]{\alpha}, v = \sqrt[3]{\beta}$ を考えましたが,複素数の範囲まで考えると,3乗根はそれぞれ3つあります.$uv = -p$ だから,α の3乗根を1つ選べば,対応する β の3乗根は自動的に定まるので,そのような u, v の組は3通りあることになります.上の公式は(判別式の正負にかかわらず),3乗根のとり方をそのように選べばやはり成り立ち,3通りの公式が得られます.

2次方程式の解の公式では,判別式が負のときは実数解をもちませんし,また実数解のときは公式のどこにも虚数はでてきません.しかし,3次方程式の解の公式では,解が実数にもかかわらず,公式の中には虚数が現われることがあります.例えば3次方程式
$$x^3 - 15x - 4 = 0$$
は明らかな解 $x = 4$ をもちます.しかしカルダノの公式を用いると次の解
$$x = \sqrt[3]{2 + 11\sqrt{-1}} + \sqrt[3]{2 - 11\sqrt{-1}}$$
が得られます.$\sqrt{-1}$ の本質的な意味はともかくとして,$\sqrt{-1} \times \sqrt{-1} = -1$ という「計算規則」さえ認めれば,簡単な計算により $(2 \pm \sqrt{-1})^3 = 2 \pm 11\sqrt{-1}$ つまり
$$\sqrt[3]{2 \pm 11\sqrt{-1}} = 2 \pm \sqrt{-1}$$
であることが示され,解 $(2 + \sqrt{-1}) + (2 - \sqrt{-1}) = 4$ が得られます.意味はともかく,虚数は解を求める補助手段になっている

のです．一旦，虚数が役に立つことがわかれば，さまざまな問題を解くのに虚数を用いるようになります．18世紀のオイラーになれば，有名な公式 $e^{\pi i} = -1$ を使いこなすようになるのです．

さて，虚数が存在するとはどういうことかを，改めて考えてみましょう．この話の最初に述べたように，中学，高校で「数」とはなんとはなく実数のことであると学ぶことが，虚数を学び理解する上で躓きの石になっていたのです．結局のところ，虚数の存在とは，「数」とはなにかという問題に行きつきます．このことから思いなおせば，自然数から実数にいたる「数」の存在も，私たちは慣れてしまって感じませんが，よく考えればそれぞれ不思議なのです．

2 | 虚数の存在 —— まず代数モデルについて

数学的存在について思い出しましょう（第Ⅱ話8節参照）．形式主義の立場に立てば，私たちが考えることができる対象は，それが矛盾を含まない限り存在すると考えてもよかったのです．このことを考えるため，次の連立方程式

$$x - 2y = -1, \quad -2x + 4y = 3$$

を考えましょう．これには「数」の範囲をどのように考えても解が存在しません．実際，解があれば第1式の2倍を2式に加えると $1 = 0$ となり矛盾です．つまり，どこにもこの方程式が解ける「数の世界」などはあり得ないのです．新しい対象が存在するといえるには，それが既存の体系と矛盾を起こさないことがまず

必要になります.物理的世界では,矛盾を起こさないからといって,その存在が保証されるわけではありませんが,数学では矛盾がないものは存在すると考えることが許されます.これがいわゆる「数学の自由」というものです.もちろんこのような無矛盾性を厳密に示すことは一般には困難ですが,一つの方法としては,考えたい対象を含む「実在するモデル」を作り上げればよいのです.あまり厳密とはいえませんが,矛盾するものは実在することはできないからです.

以下では,虚数 i やその演算が既存の体系,つまり実数たちと矛盾を起こさないことを具体的モデルを作って示そうと思います.そのような方法はいくつかあります.最初は代数的な見方によるものです.そのためまず複素数の定義と基本的な性質を述べます.a, b が実数のとき,$a + bi$ の形の数(ここでは数とはなにかというようなうるさいことは考えないでおきます)を複素数と呼びます.例えば,$3, \sqrt{2} + 2i, -i$ などです.ただし $0i$ は 0 および $1i$ は単に i のことと約束します.実数 a, b はそれぞれ複素数 $a + bi$ の実部,虚部といいます.複素数の加法と乗法は次のように定義します.

$$(a + bi) + (c + di) = (a + c) + (b + d)i$$
$$(a + bi)(c + di) = (ac - bd) + (ad + bc)i$$

加法は,実部は実部どうし,虚部は虚部どうしの和で自然なものです.乗法は,特に $a = c = 0, b = d = 1$ の場合は $i \times i = i^2 = -1$ であり,$a = d = 0, b = c = 1$ の場合は $i1 = 1i = i$ です.一般の複素数の場合,積は上の特別の場合から,分配法則が成り立つ

ように定義したものに他なりません．また，$a+bi$ を $a+ib$ と表わしてもよいのです．

複素数 $z=a+bi$ に対し，$a-bi$ をその共役複素数といい，$\bar{z}$ と表わします．また複素数 $z=a+bi$ の絶対値（長さ，あるいはノルムともいいます）を $|z|=\sqrt{z\bar{z}}=\sqrt{a^2+b^2}$ と定義します．このとき

$$\overline{z+z'}=\bar{z}+\overline{z'}, \quad \overline{zz'}=\bar{z}\overline{z'}$$

および $|zz'|=|z||z'|$ が成り立つことは容易にわかります．また，$z=0 \iff |z|=0$ であることも明らかです．共役複素数や絶対値を用いると，0 でない複素数は複素数で表わされる逆数をもつことがわかります．実際 $z \neq 0$ のとき $|z| \neq 0$ であり

$$z \times \frac{\bar{z}}{|z|^2}=1$$

だから $z^{-1}=\bar{z}/|z|^2$ です．

この段階では，複素数の演算規則を定義したにすぎません．虚数単位 i の本性には触れず，あたかも i という数が「あるふり」をして，複素数の計算の途中に i^2 が現われれば，それを -1 で置き換えるだけのことです．それでも例えば

$$i^3+i^2+i+1=-i-1+i+1=0$$

であったり，

$$\left(\frac{1+i}{\sqrt{2}}\right)^2=\frac{1+2i+i^2}{2}=i$$

などが計算できます．後者の計算は，複素数 $(1+i)/\sqrt{2}$ が複素数係数の 2 次方程式 $x^2-i=0$ の解であることを示しています．

計算規則だけが問題であるならば，もっと突き詰めて考えることもできます．虚数を表わす記号 i の代わりに x という記号を使えば，上の式は例えば x^3+x^2+x+1 のような変数 x の多項式です．ただし，x^2 が現われればそれを -1 で置き換えるのです．用いる記号の見かけが変わっても，内容的には同じものであることは明らかでしょう．i と x でなじみのあるほうを用いてもよいのです．このような考え方は，第II話 7 節で扱った 3 つの数 $0,1,2$ の算術に似ています．そのときは，自然数の算術で，3 が現われれば，それを 0 に置き換えて得られる算術だったのです（例えば $4=3+1$ を 1 に置き換えます）．虚数とは何ぞやという疑問はさておいて，多項式の演算において，x^2 が現われればそれを -1 に置き換える（従って例えば x^3 は $-x$ に置き換える）という規則を付け加えたモデルは複素数の完全なコピーなのです．実数を係数とする多項式というのは実在していると考えてよいでしょう．ただし，新しく付加えた演算規則が矛盾を起こさないことは確かめなければなりませんが，これはそれほど難しいことではありません．このようなことを一般化して形式的にいうなら，変数 x の多項式たちになにかの算術規則（例えば x^5 を 1 に置き換える）を付け加えることにより，新しいタイプの「数」と演算の体系を得ることも可能です．このような体系の研究が，代数学，特に環論や体論と呼ばれるものなのです．

3 | 複素数の幾何モデル —— ガウスの天才的発想

前節で述べたことは,複素数の演算規則に注目した性質,つまり複素数の代数的側面です.次には,複素数の幾何的意味について考えましょう.実数の対たち (a, b) に次のような加法,乗法を定義します.

$$(a, b) + (a', b') = (a + a', b + b')$$
$$(a, b)(a', b') = (aa' - bb', ab' + ba')$$

加法の定義はごく自然ですが,乗法の定義は見慣れないものです.$b = b' = 0$ のときは $(a, 0)(a', 0) = (aa', 0)$ だから実数の積に他ならないので,$(a, 0)$ を単に実数 a と表わすことができます.一方,$(0, 1)(0, 1) = (-1, 0)$ ですが,これは $(0, 1)^2 = -1$ であることを意味します.従って,$(0, 1)$ がちょうど虚数単位 i の役割を果たしています.$(a, b) = (a, 0) + (b, 0)(0, 1)$ に注意すると,(a, b) は複素数 $a + bi$ に対応しています.この対応を考慮すれば,上に述べた乗法とは複素数の積に他なりません.

実数の存在を認めるならば,実数の対の存在自身は何の疑問もないでしょう.また,複素数の演算は実数の対の上のような演算に置き換えられます.従って虚数の謎は,実数の対に対する上のような演算を考える「意味」は何なのかということになるでしょう.それにはこのような演算の「具体的モデル」を見つければよいのです.そのとき,このような積が矛盾を引き起こさないこともわかることになります.

ここで,上のような実数の対たちと,平面幾何の劇的な対応について考えましょう.それがいわゆる複素数平面(創始者の名を

冠してガウス平面ともいいます）です．まず，実数の対 (a, b) は x, y 平面の座標が (a, b) である点 $P(a, b)$ に対応させることができます．原点 O から点 $P(a, b)$ までの距離は $\sqrt{a^2 + b^2}$ であり，これは複素数 $a + bi$ の絶対値です．また x 軸の正の方向と線分 $OP(a, b)$ のなす（x 軸の正の方向から反時計方向で測った）角 θ を複素数 $a + bi$ の偏角と呼びます．複素数を定めるには，その絶対値と偏角が決まればよいのです．

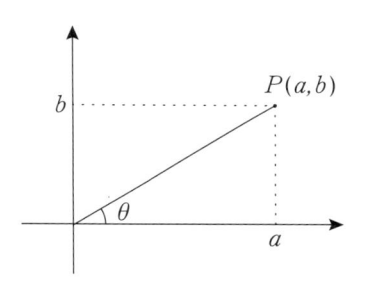

ここからは対 (a, b) や点 $P(a, b)$，あるいは複素数 $a + bi$ は区別せず考えることにし，簡単のため z のような記号で表わすことにします．まず $z = a + bi$ は絶対値 1 の複素数とします．このとき z は複素数平面の原点を中心とし，半径 1 の単位円上にあります．z の偏角を θ とすると，$z = \cos\theta + i\sin\theta$ と表わすことができます．また，一般の 0 ではない複素数 $z = a + bi$ についても，その絶対値を r，偏角を θ とすれば，z/r は絶対値が 1 であり，z と z/r は偏角が同じであることに注意します．$z = r \times (z/r)$ ですから，

$$z = r(\cos\theta + i\sin\theta)$$

と表わせます．これを複素数の極表示といいます．

さてここまで準備をして，複素数の積をもう一度考えましょ

う．絶対値が 1 の 2 つの複素数

$$z = \cos\theta + i\sin\theta, \quad z' = \cos\theta' + i\sin\theta'$$

に対し，積の公式から

$$\begin{aligned}zz' &= (\cos\theta + i\sin\theta)(\cos\theta' + i\sin\theta') \\ &= \cos\theta\cos\theta' - \sin\theta\sin\theta' + i(\cos\theta\sin\theta' + \sin\theta\cos\theta')\end{aligned}$$

が得られます．この式を見れば直ちに驚くべき結果に思いいたるでしょう．つまり第 2 式は，三角関数の加法公式

$$\cos(\theta + \theta') = \cos\theta\cos\theta' - \sin\theta\sin\theta'$$
$$\sin(\theta + \theta') = \cos\theta\sin\theta' + \sin\theta\cos\theta'$$

に他ならないのです．つまり複素数の乗法について

$$\begin{aligned}zz' &= (\cos\theta + i\sin\theta)(\cos\theta' + i\sin\theta') \\ &= \cos(\theta + \theta') + i\sin(\theta + \theta')\end{aligned}$$

が得られたのです．また $\theta = \theta'$ のとき，この公式を何度か繰り返すと，ドモアブルの公式

$$(\cos\theta + i\sin\theta)^n = \cos n\theta + i\sin n\theta$$

が得られます．三角関数の加法公式は平面幾何の定理として得られることを考えると，このような結果は驚きです．一般の 2 つの複素数 z, z' の極表示を $z = r(\cos\theta + i\sin\theta)$, $z' = r'(\cos\theta' + i\sin\theta')$ とします．このとき上の結果から

$$zz' = rr'\{\cos(\theta + \theta') + i\sin(\theta + \theta')\}$$

が得られます．幾何的に見れば，絶対値については積をとり，偏角については加法になり，偏角分の回転をすることになるわけです．特に虚数単位 i を掛けるとは，反時計まわりに $90°$ の回転をすることになります．これは，-1 倍することが数直線上では原点を中心に「$180°$ 回転させる」ことに，ちょうど対応しています．x, y 平面で，実数倍したり，回転したりする操作はよくわかったものです．上で述べたことは，このような幾何学的平面が，複素数のモデルと考えてよいことを意味します．有理数や実数を考えたとき，数直線やその点たちが良いモデルになりました．しかし複素数を考えるためには，飛躍して数直線から飛び出さなくてはなりませんでした．しかし平面の幾何まで考えれば，複素数の形式的，代数的な性質が幾何的モデルとして実現されます．これが複素数の「存在」の大きな証しといえるでしょう．

複素数を実数の拡張と考えるだけではなく，関数として拡張することもできます．例えば多項式 z^n は z に複素数を代入すれば複素数の値が得られます．変数と得られる値がともに複素数であるような関数 $w = f(z)$ を複素関数といいます．これは，実数を変数とする関数の単なる拡張に見えるのですが，上に述べたような複素数の特徴を反映した重要な性質があります．そのため，複素関数論という独立した分野があるほどです．

面白い例を挙げましょう．各辺の長さが自然数であるような直角三角形の 3 辺をピタゴラス数といいます．最も簡単なものは 3, 4, 5 です．実はすべてのピタゴラス数は正整数 $n, m\ (<n)$ によって
$$n^2 - m^2,\ 2nm,\ n^2 + m^2$$

と表わすことができます．このことを簡単な複素関数を用いて示してみましょう．a, b, c が c を斜辺とするピタゴラス数であるということは，正の有理数 $a/c, b/c$ が $(a/c)^2 + (b/c)^2 = 1$ をみたすことと同じです．つまり x, y が正の有理数であるような単位円周上の点 (x, y) を求めればよいのです．そこで複素関数

$$w = f(z) = \frac{1-z}{1+z}$$

を考えます．$z = ti$ が純虚数のとき，$\overline{w} = \dfrac{1+z}{1-z}$ ですから $|w|^2 = w\overline{w} = 1$ となり w は単位円周上にあります．z を w について解くと，$w \neq -1$ のとき

$$z = \frac{1-w}{1+w}$$

という同じ形になります．つまり，関数 $f(z)$ は純虚数の直線（y 軸）と -1 を除いた単位円周を一対一に写しあっています．$z = ti$ のとき

$$w = \frac{1-ti}{1+ti} = \frac{(1-ti)^2}{(1+ti)(1-ti)} = \frac{1-t^2-2ti}{1+t^2}$$

ですから，w の x, y 座標は $x = \dfrac{1-t^2}{1+t^2}$, $y = \dfrac{-2t}{1+t^2}$ になり，$x^2 + y^2 = 1$ をみたします．また (x, y) が第 1 象限にあるための条件は $-1 \leq t \leq 0$ です．上のような x, y がともに有理数になることと，t が有理数であることが同値であることは簡単にわかります．そこで，$-1 \leq t \leq 0$ が有理数のとき，自然数 $n, m < n$ を用いて $t = -m/n$ と表わすと

$$x = \frac{n^2 - m^2}{n^2 + m^2}, \quad y = \frac{2nm}{n^2 + m^2}$$

ですから分母を払えば求める結果が得られます.

4 複素数は究極の数である

　数の体系をこれまで有理数, 実数, 複素数と考えてきました. 実数は直線, 複素数はガウス平面に対応することを見ました. しかし, 複素数には有理数や実数にない大きな, そして重要な特徴があるのです. 有理数を係数とする方程式の中には, $x^2 - 2 = 0$ のように有理数の中に解がないものがあります. 実数を係数とする方程式も, $x^2 + 1 = 0$ のように実数解がないものがあります. 複素数を係数とする方程式, 例えば $x^2 - i = 0$ は複素数の中に解はあるでしょうか? それとも, 解は「超複素数」とでもいうべきところにあるのでしょうか? この方程式についていえば, 答えは簡単です. 前に見たように $\pm(1+i)/\sqrt{2}$ が解になります. a を任意の複素数として, もう少し一般の方程式 $x^2 - a = 0$ を考えると, 解は a の平方根ですが, $a = r(\cos\theta + i\sin\theta)$ と表わしたとき, ドモアブルの公式から a の平方根は

$$\pm\sqrt{r}(\cos\frac{\theta}{2} + i\sin\frac{\theta}{2})$$

で与えられます. これらを $\pm\sqrt{a}$ と表わせば, これらは複素数で, 方程式 $x^2 - a = 0$ の解になります. さらに複素数を係数とする一般の 2 次方程式 $x^2 + ax + b = 0$ に対しても, 実数を係数とする 2 次方程式の解の公式がそのまま成り立ち $(-a \pm \sqrt{a^2 - 4b})/2$ が解になることはすぐに確かめられます. さらに一般の自然数 n

に対して，方程式 $x^n = a$ も $n = 2$ の場合と同様にドモアブルの公式から，n 個の複素数解（n 乗根）があることがわかります．このこととカルダノの公式から，複素数を係数とする3次方程式は複素数の解をもつこともわかります．このことは，複素数を係数とする3次以上の方程式についても成り立ち，すべての代数方程式は複素数の中にすべての解をもちます．これがガウスによって証明された代数学の基本定理です．つまり，方程式を解くという観点では，複素数が必要にして十分な数の体系なのです．

さて，実数は数直線，複素数は (x, y) 平面（ガウス平面）に対応付けることができました．それでは，3次元空間，つまり (x, y, z) 空間の点をなんらかの「数」と考えることはできるでしょうか．もちろん，その「数」は実数や複素数を拡大したものであり，実数や複素数と同じような算術規則をみたすものとします．上述の代数学の基本定理からして，そのような「数」は考えられないのですが，空間ベクトルの知識を用いれば，そのような「数」が存在しないことが簡単に示されるので紹介しましょう．

(x, y, z) 空間の点を，実数や複素数を含み，算術規則をみたす数と考えることができると仮定して，矛盾を示しましょう．実数は x 軸に対応し，複素数は (x, y) 平面に対応しているとします．特に，x 軸上の点 $(1, 0, 0)$ を数 1 と考えます．さて，空間の点 α で複素数ではないものを考えますと，α^2 という数を考えることが

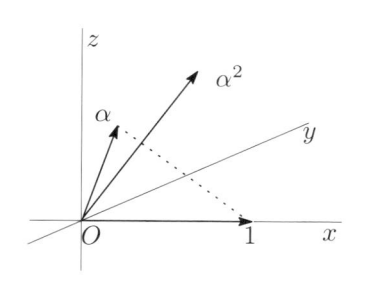

できます．空間内の3つの数（点）$1, \alpha, \alpha^2$ は同一平面上にはないことがいえます．実際これらが同一平面上にあれば，これらはベクトルとして「一次従属」，つまり適当な実数 u, v があって $\alpha^2 = u\alpha + v$ のように表わされます．つまり α は実数を係数とする2次方程式の解になります．α は複素数ではないと仮定したから，このようなことは起こりません．さて，α^3 を考えましょう．数（点）$1, \alpha, \alpha^2$ は同一平面上にはないので，空間の任意のベクトル，特に α^3 は，適当な3つの実数 p, q, r によって

$$\alpha^3 = p\alpha^2 + q\alpha + r$$

と表わされます．これは実数係数の3次方程式です．このような方程式は，3つの実数解をもつか，または1つの実数解と2つの（共役な）複素数解をもちますが，これは α は複素数ではないという仮定に反します．

ここで比較のため，ベクトル解析を学ぶときおなじみになるベクトル積について述べておきましょう．図のような3次元空間における2つのベクトル $\vec{OP}, \vec{OQ}$ が与えられたとき，ベクトル $\vec{OX}$ を次のように定めます．ベクトル $\vec{OX}$ の大きさは，2つのベクトル $\vec{OP}, \vec{OQ}$ が定める平行四辺形の面積とします．特に，ベクトル $\vec{OP}, \vec{OQ}$ が平行（一次従属）のときは0です．ベクトル $\vec{OX}$ の向きは，ベクトル $\vec{OP}$ からベクトル $\vec{OQ}$ へ，180°以下の角度になる方向に回転したとき，ねじ（普通の

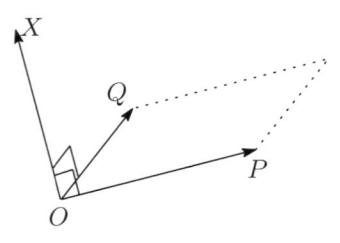

右ねじ）の進む方向と定めます．記号としては $\vec{OX} = \vec{OP} \times \vec{OQ}$ と表わします．これは3次元ベクトル，あるいはベクトルの終点である3次元空間の元のある種の演算になっていて，電磁気学などの法則を記述するのによく用いられます．ただし，定義から明らかなように

$$\vec{OP} \times \vec{OQ} = -\vec{OQ} \times \vec{OP}$$

のように，積の交換律はみたさないので，前の段落で考えたような，実数や複素数の演算とはまったく異なり，「数」の概念には当てはまらないのです．

第VII話 | *Episode VII*

オイラーの公式 $e^{\pi i} = -1$ とはなにか

　表題に挙げた公式には3つの定数があります．π は円周率，i は虚数単位で前の話で述べました．記号 e はネイピアの定数と呼ばれるもので，後で定義をしますが，いろいろな定数の中で数学書に現われる頻度はナンバー1でしょう．この3つの定数の定義自体はそれぞれまったく関係がありません．それにもかかわらず，これらが不思議な関係をもっているのです．この話ではその関係を示すオイラーの公式がどのように得られるかを述べます．

1 | 指数関数 ── 2 の π 乗をどう定めるか

　a は正の実数とします．n が正の整数のとき，a を n 個掛け合わせたもの $a \times a \times \cdots \times a$ を a のベキ乗といい a^n の記号で表わします．またその逆数 $1/a^n$ を a^{-n} の記号で表わします．このとき定義から明らかに次の指数法則

$$a^{n+m} = a^n a^m, \quad a^{nm} = (a^n)^m$$

が成り立ちます．ただし a^0，つまり a を 0 個掛け合わせたものとはなにかという自然な定義はないので，第 1 式では $n+m \neq 0$,

第 2 式では $nm \neq 0$ と仮定しなければなりません．数学では，というより数学者は，公式などにこのような例外があることを嫌うのです．このような例外なしに指数法則が成り立つためには，正数 a が何であっても，$a^0 = 1$ と「約束」すればよいことは容易にわかります．この話では，ベキ乗 a^t をより一般の数 t，最終的には複素数に対してどう定義すればよいかを考えます．もちろん好き勝手に定義するわけではなく，指数法則が成り立つことが原則です．これは，$(-1) \times (-1) = 1$ という定義が算術の演算規則に基づいていたのと同じです．

まず t が有理数のときにベキ乗 a^t をどのように定義すればよいでしょうか．もちろんそのようなベキ乗たちは，指数法則が成り立つようにしなければなりません．n が正の整数のとき，$a^{1/n}$ は $(a^{1/n})^n = a^1 = a$ をみたすべきなので，$a^{1/n}$ は $x^n = a$ をみたす数でなければなりません．複素数まで考えるとこのような数（a の n 乗根）は 1 つとは限りませんが，$y = x^n$ のグラフは $x > 0$ のとき単調増加ですから，$x^n = a$ の解は正の実数に限ればただ 1 つです．これを $a^{1/n}$ と定義します．さらに $q = m/n$ のとき $a^q = (a^{1/n})^m$ と定義します．このとき，

$$(a^q)^n = \{(a^{1/n})^m\}^n = (a^{1/n})^{mn} = \{(a^{1/n})^n\}^m = a^m$$

ですから，a^q は a^m の n 乗根です．この定義によって，t が有理数のときにベキ乗 a^t が指数法則をみたすことは次のようにしてわかります．q_1, q_2 を有理数とし，共通の分母をもつ分数 $m_1/n, m_2/n$ で表わしておきます．このとき $q_1 + q_2 = (m_1 + m_2)/n$ です．従って $a^{q_1+q_2}$ は $a^{m_1+m_2} = a^{m_1} a^{m_2}$ の n

乗根ですが，これは a^{m_1} の n 乗根と a^{m_2} の n 乗根の積 $a^{q_1}a^{q_2}$ に等しいので，指数法則が成り立ちます．

次に t が実数のとき a^t をどう定義すればよいかを考えます．例えば 2^π を考えましょう．数列

$$2^3,\ 2^{3.1},\ 2^{3.14},\ \cdots$$

は収束するように思えるので，その極限を 2^π とすればよさそうです．ただし，このようなベキ乗が指数法則などの良い性質をみたすことを見るためには，少し丁寧に考えなければなりません．まず $a > 1$ としてもかまいません．実際 $a = 1$ のときは a^t は常に 1 であり，$a < 1$ のときは $1/a$ に置き換えて考えればよいからです．$a > 1$ のとき，a^t は単調増加です，つまり有理数 $t_1 < t_2$ に対し $a^{t_1} < a^{t_2}$ が成り立ちます．また $\lim_{t \to 0} a^t = 1$ であることも次のようにしてわかります．単調性から，n を自然数とするとき $\lim_{n \to \infty} a^{1/n} = 1$ を示せばよいでしょう．$a > 1$ だから，$a^{1/n} = 1 + h$ とおくと $h > 0$ です．このとき

$$a = (1+h)^n = 1 + nh + \binom{n}{2}h^2 + \cdots + h^n = 1 + h(n + \cdots)$$

ですが，$n \to \infty$ のとき $n + \cdots$ は発散しますから，$h \to 0$ でなければなりません．従って $a^{1/n} \to 1$ になります．

さて $p_1, p_2, \cdots$ は単調増加かつ上に有界な有理数の列とします．付録の定理 A2 より，このような数列はある実数 t に収束します．逆に任意の実数 t は，その無限小数表示を考えればわかるように，このような有理数列の極限になります．このとき，実数の列 $a^{p_1}, a^{p_2}, \cdots$ はやはり単調増加かつ上に有界だから収

束します．そこでその極限を a^t と定義します．ただし実数 t に収束するような有理数列は 1 つとは限りませんから，有理数列の取りかたによらないことを確かめておかなければなりません．$\{p_i\}$, $\{p'_i\}$ はともに t に収束する有理数列とします．このとき $p_i - p'_i = q_i \to 0$ が成り立ちます．有理数に対しては指数法則が成り立つので $a^{p_i} - a^{p'_i} = a^{p'_i}(a^{q_i} - 1)$ は上で述べたように 0 に収束します．従って $\lim a^{p_i} = \lim a^{p'_i}$ が成り立ちます．

以上で a が正の実数のとき，実数 t を変数とする関数 $f(t) = a^t$ が定義されました．これを指数関数と呼ぶことにしましょう．$a > 1$, $a = 1$, $a < 1$ に応じて，指数関数 $f(t) = a^t$ は単調増加，定数，単調減少です．また連続関数であることも容易にわかります．実際，x が有理数で $x \to t$ のとき $\lim_{x \to t} a^x = a^t$ であることは定義から明らかですが，単調性から x が実数を動くときも同じことがいえるからです．指数関数 $f(t) = a^t$ はさらに次の性質をみたします．

(1) 決して 0 にならない．

(2) 任意の実数 s, t に対し，指数法則 $f(s+t) = f(s)f(t)$ が成り立つ．

(3) $f(t)$ は実数上で定義された微分可能な関数である．

これら 3 つの性質を合わせて性質 P と呼びましょう．性質 (1) は明らかです．(2) を示すため，実数 s, t に収束する単調増加な有理数列 $\{p_i\}$, $\{q_i\}$ をとります．このとき $\{p_i + q_i\}$ は $s + t$ に収束します．有理数に対しては指数法則が成り立つので $a^{p_i + q_i} = a^{p_i} a^{q_i}$ です．従って連続性より $a^{s+t} = a^s a^t$ が成り立

ちます.微分可能な関数であることは付録 A で証明を与えます.

ここで逆の問題を考えて見たいと思います.つまり,上の性質 P をみたす関数 $f(t)$ があるとしましょう.このとき次が成り立ちます.

定理 関数 $f(t)$ は性質 P をみたすとする.このとき $f(1) = a$ とおくと,関数として $f(t) = a^t$ が成り立つ.

証明は簡単です.まず t が整数 n のとき

$$f(n) = f(1 + \cdots + 1) = f(1)^n = a^n$$

であり,有理数 q のときも指数法則と,実数のベキ乗根の性質から $f(q) = a^q$ がいえます.$f(t)$ が微分可能なら連続です.従って t が実数のときはベキ乗の定義と連続性から $f(t) = a^t$ であることが示されます.

最初に述べたように,指数関数 a^t はベキ乗の考えを少しずつ拡張して具体的に定義したのです.このような定義を explicit (陽) な定義ということにします.一方,上の定理より,性質 P は,すべての関数の中で指数関数に限って成り立つことが示されます.従って,性質 P をみたす関数を指数関数と呼んでもよいことがわかります.ある性質をみたす関数を何々と呼ぶ,というような定義を inplicit (陰) な定義と呼ぶのですが,上の主張は,性質 P によって inplicit に定義される関数は指数関数であるということです.別のいい方をすれば,explicit な定義とは具体的な意味によるものであり,inplicit な定義とは形式的な性質によるものということもできます.またこのような関数 $f(t)$ は

$f(1)$ の値により 1 通りに定まってしまうことに注意しておきましょう.

2 │ 自然界の指数関数と対数関数

　自然界には指数関数によって記述される現象が多くあります. 光をある程度吸収するガラス板に光を通すことを考えます. 1 cm のガラスを透過すると光の強さは c 倍になるとします. このとき 2 cm のガラスだと光の強さは c^2 倍になり, 1/2 cm であれば $c^{1/2}$ 倍になることは明らかです. ガラス板を透過する光の強さが, ガラス板の厚みに連続的に依存すると仮定すると, 容易にわかるように t cm のガラス板を通った光の強さは c^t 倍になります.

　連続的ではないが指数関数的に記述される現象も多くあります. 例えば, 放射性元素の崩壊や, バクテリアの増殖などがそうです. セシウム 137 のような放射性元素の場合, 特定の原子が一定期間に崩壊するかどうかを決めることはできませんが, 崩壊する確率は厳密に定まっていて, さらにこれはどのセシウム原子についても同じです. このことから, 非常に多くのセシウム原子 (1 グラムのセシウムには 10^{20} 以上のセシウム原子が含まれます) を考えれば, 崩壊する割合は元々あったセシウムの量に関係せず一定であることがわかります. このことを式で表わしてみましょう. 簡単のため最初, つまり時間 $t = 0$ のときセシウムが 1 グラムあったとします. 時間 t の間に崩壊する割合 (元の量に

対して) を $u(t)$ とし,時間 t のとき残っているセシウムの量が $f(t)$ グラムであるとします. $f(s+t)$ を,時間が s から t だけ経ったときの残存セシウムの量と考えれば,上に述べたことから

$$f(s+t) = (1-u(t))f(s)$$

が成り立ちます. 仮定より $f(0) = 1$ ですから,$s=0$ を代入して $1-u(t) = f(t)$ となり,元の式に代入すると指数法則

$$f(s+t) = f(s)f(t)$$

が成り立つことがわかります. セシウム原子の数は有限ですから, 関数 $f(t)$ の連続性は意味をもちませんが, セシウム原子の数が十分大きければ関数 $f(t)$ は指数関数 a^t に十分近似していると思ってよいでしょう. ただし $a = f(1) = 1-u(1)$ は単位時間に崩壊せず残存するセシウムの量です. また $f(s+t_0) = 1/2 f(s)$ となる時間, つまり半分のセシウムが崩壊する時間を半減期間といいます. $s=0$ とすればわかるように, $f(t_0) = 1/2 f(0)$ だから, $a^{t_0} = 1/2$ です. このとき $a = 2^{-t_0^{-1}}$ なので,半減期間がわかれば指数関数の形を決めることができます.

放射性元素のこのような性質を利用したのが,放射性炭素年代測定法です. 放射性炭素 14 は上空の窒素が宇宙線で崩壊して生成されます. この炭素が炭酸ガスとなって光合成により植物, ひいては動物の体内に取り込まれます. 空気中の炭酸ガス中の炭素 14 と,生物の組織における炭素 14 の全炭素に対する割合はほぼ一致していることがわかっています. 生物が死ぬと新陳代謝がなくなり, 組織内の炭素 14 は半減期約 5700 年の割合で減ってい

きます．従って遺跡に残された材木などの炭素 14 の割合からそれが切り出された年代がわかるのです．炭素 14 が生成される割合は，宇宙線の活動や地球磁場の消長によって長期的には変動しますが，近年ではそれによる誤差の補正もなされています．

さて指数関数には逆関数が存在することを示しましょう．$a > 1$ として関数 $s = f(t) = a^t$ を考えます．この関数 $f(t) = a^t$ は単調増加かつ連続ですから，任意の実数 $s > 0$ に対し，$s = a^t$ をみたす実数 t がただ 1 つ存在することがわかります．従って s に対し，このような t を対応させることにより，t は s の関数になることがわかります．そこで $t = \log_a s$ と表わせば，正の実数 s に対し定義される関数 $\log_a s$ が得られます．これを a を底とする対数関数と呼びます．つまり

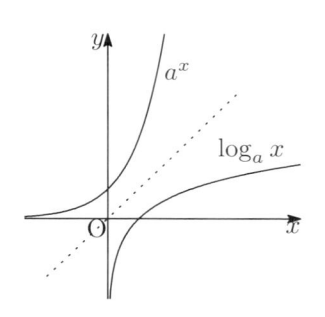

$$s = a^t \iff t = \log_a s$$

という関係になります．$a > 1$ のとき，指数関数 $s = a^t$ は常に正，単調増加で，$t \to \infty$ のとき発散します．図の左上のグラフが指数関数のグラフで，原点を通る直線 $s = t$ に関して対称なグラフが対数関数のグラフです．グラフから直感的にもわかるように対数関数は連続になります．指数関数と対数関数が逆関数であるということは

$$a^{\log_a s} = s, \quad \log_a(a^t) = t$$

がともに成り立つことを意味します.実際 $u = a^{\log_a s}$ であれば,$\log_a s = \log_a u$ だから $s = u$ であり,$v = \log_a(a^t)$ であれば $a^t = a^v$ だから $v = t$ です.次に $x = a^s$,$y = a^t$ のとき,$xy = a^s a^t = a^{s+t}$ となります.これらの対数をとりますと $s = \log_a x$,$t = \log_a y$ だから

$$\log_a(xy) = \log_a x + \log_a y$$

となり,対数関数は乗法を加法に変換します.同様に $x = a^s$ のとき $x^u = (a^s)^u = a^{su}$ だから

$$\log_a(x^u) = u \log_a x$$

が成り立ちます.

多くの数の対数を計算して表にしたものが対数表です.桁数の大きな 2 つの数の積を求めるのは大変です.しかしこれら 2 つの数の対数をとり,足し算(簡単です)をして逆に対数表から積を近似的に求めることができます.対数表を初めて作ったのは 17 世紀のスコットランドの数学者ネイピアですが,対数表のおかげで,惑星の運動などの複雑な計算をしていた天文学者の寿命が伸びたといわれています.また,非常に小さな数から巨大な数までを同時に扱うときには,対数目盛というものがよく用いられます.常用対数(10 を底とする)の場合ですと,実際の大きさ x の代わりに $\log_{10} x$ という数値を用いるのです.このとき対数目盛で 1 大きくなると,実際の値は 10 倍になります.地震の規模,つまりエネルギーを表わすマグニチュードも対数目盛で表わしますが,マグニチュードは 2 大きくなると地震のエネルギーは

1000 倍になるよう定められています．従って，マグニチュードが 1 大きいと $\sqrt{1000}$ つまり約 32 倍大きくなるのです．また，今ではほとんど見られなくなりましたが，計算尺というものがありました．これは定規の一部が横にスライドできるようになっていて，目盛りが対数目盛りになっています．これによって考えている 2 つの数の対数の和，従って元の数の積を，定規をスライドさせて求めることができます．電卓のなかった時代には技術者には重宝な道具でした．

3 | 指数関数の微分 —— ネイピアの定数はなぜ重要なのか

指数関数や対数関数を考えるとき，ネイピアの定数というのがよく現われます．まずネイピアの定数がなんであるかを私たちの身近な世界で説明しましょう．年利 h（パーセントでいうと $100h$ ％）の預金を 1 年ごとの書換えの複利で預けると，n 年後には $(1+h)^n$ 倍になります．同じ期間預けるとしてより有利な方法は，書換えの期間を短くして回数を増やすことです．例えば，預ける期間を全体として 1 年間とします．1 年を m 等分し m 回書き換えて預けると，$1/m$ 年での金利は h/m ですから，1 年後には $(1+h/m)^m$ になります．特に $h=1$（1 年単利だと 2 倍になる）のとき，m を大きくするとどうなるでしょうか．1 年後に戻ってくるお金はいくらでも大きくなるでしょうか？ 実は数列 $(1+1/m)^m$ は有限の値に収束するのです（付録 A, 3 節参照）．この数列の極限値 $\lim_{m\to\infty}(1+1/m)^m$ をネイピアの定数と呼

びます．この定数はネイピアによって発見されたのですが，その数学的意義を明らかにしたオイラー（Eiler）の名を冠して e という記号で表わされます．ネイピアの定数は約 2.7 で，円周率と並んで数学における最も基本的な定数です．

話は少し難しくなりますが，ここで関数の微分の定義を思い出しましょう．関数 $y = f(x)$ のグラフの点 $(p, f(p))$ の周りの状況を考えます．h が 0 でない実数としますと，

$$\frac{f(p+h) - f(p)}{h}$$

は x 方向の増分 h と y 方向の増分 $f(p+h) - f(p)$ の比，つまり関数の（平均）増加率です．h が 0 に近づくとき，もしこの平均増加率が収束するならば，関数 $f(x)$ は $x = p$ において微分可能であるといい，その極限値

$$\lim_{h \to 0} \frac{f(p+h) - f(p)}{h}$$

を $x = p$ における微分係数といって $f'(p)$ と表わします．

さて $f(t)$ が指数関数のとき，その微分にはうまい性質があります．$f(t+h) = f(h)f(t)$ ですから

$$\frac{f(t+h) - f(t)}{h} = \frac{f(h) - 1}{h} f(t)$$

に注意します．付録で示すように $f(t) = a^t$ のとき $\lim_{h \to 0} \dfrac{a^h - 1}{h}$ は収束します．この値を c とすると，$f(t) = a^t$ はすべての t で微分可能であり，$f'(t) = cf(t)$ をみたすことがわかります．しかも $a = f(1)$ と c は $a = e^c$ の関係をみたすこともわかりま

す．特別の場合として，$a = e$ つまり $f(t) = e^t$ のとき，微分は $f'(t) = f(t)$ という最も簡単な形になるのです．これもネイピアの定数の重要性を表わしています．

4 | 複素数の値をもつ指数関数

それではいよいよ虚数乗，例えば 2^i とは何なのかを考えていきましょう．実数乗については，ベキ乗やベキ乗根のように具体的に定義できるものから始めて，2^π のような無理数乗も，極限を考えることでやはり具体的に理解可能でした．しかし，i 乗するなどということにどんな具体的意味があるのかは，虚数 i の不思議さ以上によくわからないと思います．2 乗したり，1/3 乗することからのどんな類推も役に立ちません．しかし，虚数乗というのをまったく恣意的に定義しても意味がなく，実数乗となんらか共通の原理に基づかなければならないでしょう．前項では，指数関数 a^t について，それがベキ乗から定義されるという explicit な性質と同時に，性質 P をみたす関数であるという inplicit な特徴づけについて述べました．指数関数のこの inplicit な特徴づけを用いれば，指数関数 a^t の変数 t として虚数や一般に複素数を考えることができるのです．以下，これについて説明しましょう．

前項で述べた性質 P をみたす関数の世界を考えるのですが，1 点だけ重要な拡張をします．つまり，$f(t)$ は実数上で定義されますが，複素数値の関数，つまり**実数に値をとるとは限らない関数**

とするのです．性質 P を改めて述べておきます．

(1) 決して 0 にならない．
(2) 任意の実数 s, t に対し，指数法則 $f(s+t) = f(s)f(t)$ が成り立つ．
(3) $f(t)$ は実数上で定義された微分可能な関数である．

このような性質をみたす関数を，**広い意味**の指数関数と呼びましょう．一般に複素数値関数 $f(t)$ はその実数部分 $p(t)$ と虚数部分 $q(t)i$ の和 $f(t) = p(t) + q(t)i$ の形に表わされますが，$f(t)$ が微分可能であるというのは，実数値関数 $p(t), q(t)$ がともに微分可能であることと定義します．以下，性質 P によって inplicit に定義される関数とはどんなものかを考えていきましょう．

まず複素数値関数であっても微分の定義は同じですから，前項でも見たように

$$f'(t) = \lim_{h \to 0} \frac{f(t+h) - f(t)}{h}$$
$$= \lim_{h \to 0} \frac{f(t)f(h) - f(t)}{h} = \left(\lim_{h \to 0} \frac{f(h) - 1}{h}\right) f(t)$$

ですが，微分可能であると仮定していますから $\lim_{h \to 0} \frac{f(h) - 1}{h}$ は収束します．この複素数を c とすると，$f'(t) = cf(t)$ になります．$f_1(t), f_2(t)$ をともに広い意味の指数関数とし，$f_1'(t) = c_1 f_1(t), f_2'(t) = c_2 f_2(t)$ であるとします．このとき次が成り立ちます．

定理 $c_1 = c_2$ であれば，関数として $f_1(t) = f_2(t)$ である．

証明 まず分数関数の微分（付録 A, 4 節参照）を思い出しましょ

う．$f_2(t)$ は決して 0 になりませんから $\dfrac{f_1(t)}{f_2(t)}$ は微分可能で

$$\left(\frac{f_1(t)}{f_2(t)}\right)' = \frac{f_1'(t)f_2(t) - f_1(t)f_2'(t)}{f_2(t)^2}$$
$$= \frac{c_1 f_1(t)f_2(t) - c_2 f_1(t)f_2(t)}{f_2(t)^2}$$

が成り立ちます．従って $c_1 = c_2$ ならば $\left(\dfrac{f_1(t)}{f_2(t)}\right)'$ は恒等的に 0 となり，$\dfrac{f_1(t)}{f_2(t)}$ は定数になります．一方，$f_1(0) = f_2(0) = 1$ だから，この定数は 1 であり従って $f_1(t) = f_2(t)$ が成り立ちます．

5 | オイラーの公式 ── 三角関数の加法公式は指数法則である

広い意味の指数関数 $f(t)$ が，実数に値をもつ関数であれば，前に述べたように，$a = f(1)$ とおくと指数関数 $f(t) = a^t$ になります．次に $f(t)$ が複素数に値をもつ場合を考えましょう．複素数の絶対値の性質から，関数 $f(t)$ の絶対値 $|f(t)|$ は性質 P をみたし，かつ**実数に値をもつ関数**であることが容易にわかります．この関数を簡単のため $r(t)$ と表わしましょう．仮定から $r(t)$ は決して 0 になりませんから，微分可能な関数 $g(t) = f(t)/r(t)$ が定義されます．このとき

$g(s+t) = f(s+t)/r(t) = (f(s)f(t))/(r(s)r(t)) = g(s)g(t)$

だから，$g(t)$ も性質 P をみたします．さらに $g(t)$ は絶対値 1 の複素数に値をもつ関数です．以上のことを逆にいえば，性質 P

をみたす任意の関数は $f(t) = r(t)g(t)$ の形に分解でき,$r(t)$ は実数に値をもち,$g(t)$ は絶対値が 1 の複素数に値をもつことを意味します.

実数に値をもつ場合はすでに考えましたから,絶対値が 1 の複素数に値をもつ場合を見ましょう.$g(t)$ をそのような関数とします.その共役複素数をとった関数 $\overline{g(t)}$ を考えます.共役複素数の性質 $\overline{z \times w} = \overline{z} \times \overline{w}$ を用いると,$\overline{g(t)}$ も性質 P をみたすことがわかります.$\overline{g(t)}$ の微分が $\left(\overline{g(t)}\right)' = \overline{g'(t)}$ をみたすことは,定義に戻れば容易にわかります.従って $g'(t) = cg(t)$ であれば,$\overline{g(t)}' = \overline{c}\,\overline{g(t)}$ になります.また,z が絶対値 1 の複素数であれば,$z\overline{z} = 1$ であることに注意すると $g(t)\overline{g(t)}$ は恒等的に 1 ですからその微分は 0 です.従って積の微分の公式(付録 A, 4 節)より

$$(g(t)\overline{g(t)})' = g'(t)\overline{g(t)} + g(t)\overline{g(t)}' = (c+\overline{c})g(t)\overline{g(t)} = 0$$

だから $c+\overline{c} = 0$ であり,c は純虚数になります.

ここで突然のようですが,b を実数の定数とし

$$f(t) = \cos bt + i \sin bt$$

という関数を考えます.ここで変数 t は弧度法で測った角の大きさです.$f(t)$ が性質 P をみたすことを確かめましょう.$\cos bt = \sin bt = 0$ をみたす t はないから (1) が成り立ちます.

(2) は三角関数の加法公式です. 実際

$$\begin{aligned}f(s+t) &= \cos b(s+t) + i\sin b(s+t) \\ &= \cos bs \cos bt - \sin bs \sin bt \\ &\quad + i(\sin bs \cos bt + \cos bs \sin bt) \\ &= (\cos bs + i\sin bs)(\cos bt + i\sin bt) = f(s)f(t)\end{aligned}$$

が成り立ちます. 次に三角関数の微分 (付録 A, 6 節参照) は

$$(\sin bt)' = b\cos bt, \quad (\cos bt)' = -b\sin bt$$

です. 従って $f(t)$ は微分可能で

$$f'(t) = -b\sin bt + bi\cos bt = bi(\cos bt + i\sin bt) = bif(t)$$

です. さて $g(t)$ を絶対値 1 の複素数に値をとる広い意味の指数関数とします. このとき $g'(t) = cg(t)$ をみたし c は純虚数であることがいえました. $c = bi$ とすると, 定理から $f(t) = g(t)$ がいえます. 従って $g(t) = \cos bt + i\sin bt$ となることが示され, 次の定理が得られます.

定理 $f(t)$ は広い意味の指数関数とし, $f'(t) = cf(t)$ とする. 複素数 c を $c = a + bi$ とするとき

$$f(t) = e^{at}(\cos bt + i\sin bt)$$

である.

この定理の意味は, 関数 $f(t)$ が広い意味の指数関数, つまり性質 P をみたせば, その形は $f'(t) = cf(t)$ をみたす複素数 $c = a + bi$ によって決まってしまうことです. そこで, この関数

を $f(t) = e^{ct}$ と「表わす」ことにします．$e^{ct} = e^{(a+bi)t} = e^{at}e^{ibt}$ より，特に e^{ibt} とは $\cos bt + i \sin bt$ のことです．このように約束しておくと，b が円周率 π のとき

$$e^{i\pi t} = \cos \pi t + i \sin \pi t$$

と表わすことができます．特に $t = 1$ のときオイラーの公式

$$e^{i\pi} = -1$$

が得られます．これは，数学における最も重要な定数 π, e, i の間の「なんらかの」関係を表わすものとして有名です．ただし，複素数によるベキ乗には，実数のような具体的な定義はないので，上の関係にはこれらの定数の「数値」としての関係を表わしているのではないことに注意が必要です．

第Ⅷ話 | *Episode VIII*

非ユークリッド幾何
曲がっていても「直線」

　第Ⅰ話で非ユークリッド幾何について少しだけ触れました．高校ではもちろん，大学の数学の課程でも非ユークリッド幾何を学ぶ機会はあまりありません．しかし，非ユークリッド幾何はそれ自身面白いだけではなく，数学とはどのような学問なのかを知るには，非ユークリッド幾何を学ぶことがとても役に立つのです．

1 | 合同とはなにかを見直す

　非ユークリッド幾何を辞書のように数行で説明するなら，ユークリッド幾何の平行線公理
　「直線 l 上にない点 P を通り l に平行な直線は高々 1 つである」
が成り立たない幾何学であるといえます．例えば，19 世紀半ばにロシアの数学者ロバチェフスキーによって発見された双曲型非ユークリッド幾何では，そのような平行線は無数に存在します．しかし，この説明だけでは，平行線公理が「成り立たない」とはどういうことなのか，あるいはそもそも公理とは何なのかということはよくわかりません．第Ⅰ話で述べたように，ユークリッド

幾何の公理の考え方は，ユークリッドの時代と今日では大きく変わったのですが，そのきっかけになったのが非ユークリッド幾何の発見でした．この話では非ユークリッド幾何とはなにかをできるだけ詳しく解説しましょう．

まず，ユークリッド幾何の平行線公理に関わる事柄について復習します．古典的なユークリッド幾何では，平行線公理は公理たちの中で最後に現われます．最初の公理は，異なる2点を通る直線がただ1つあるという結合に関する公理です．次に，1つの直線上の点の並び方，例えば異なる3点のうち，1点が残りの2点の「間」にあるというような順序に関する公理たちが続きます．これらの公理から，直線上の1点によって，直線が2つの半直線に分かれることや，2点 A, B を端点とする線分 AB の定義ができ，さらに共通の端点 O をもつ2つの半直線 h, k によって，角の定義ができます（この角を (h, k) と表わします）．次に，このように定義された線分や角，あるいは三角形の合同に関する公理があります．合同に関する公理は，非ユークリッド幾何を考える上でも重要なので，少し詳しく述べておきましょう．

ユークリッド幾何の古典的な解説書では，線分や角のような図形はその形や大きさを変えずに移動させることができるとした上で，2つの図形は一方をそのように移動して他方にぴったり重ねることができるとき，合同であると定義しています．このとき，次の合同公理という4つの主張が成り立つことがわかります．

G1. 図形が合同であるという関係は同値関係である．つまり，
    図形 P は P 自身に合同であり，P が Q に合同であれば

Q は P に合同である．さらに P が Q に合同，Q が R に合同ならば，P は R に合同である．

G2. 点 A を端点とする半直線上の2つの線分 AB と AC が合同であれば，それらの線分は一致する．また，頂点が同じ2つの角 (h, k) と (h', k') が合同で，一方の半直線が同じ（$h = h'$）であり，他方の半直線 k, k' が h に関し同じ側にあれば，それらの角は一致する．

G3. 線分の和と両立する．つまり2つの線分 AC と $A'C'$ 上にそれぞれ点 B, B' があって，AB と $A'B'$，および BC と $B'C'$ がそれぞれ合同であれば，AB と $A'C'$ が合同である．角の和についても同様である．

G4. 三角形 ABC と $A'B'C'$ に対し，線分 AB と $A'B'$，および AC と $A'C'$ がそれぞれ合同で，角 $\angle A$ と $\angle A'$ が合同であれば，2つの三角形 ABC と $A'B'C'$ は合同である．つまり，対応する2辺とその狭角がそれぞれ合同な三角形は合同である．

古典的なユークリッド幾何の上のような合同の概念は，直感的にはわかったような気になりますが，厳密さに欠けます．今日私たちが高校などで学ぶユークリッド幾何とは，座標平面の幾何です．そこでは形や大きさを変えずに移動させるとは，平行移動や，原点

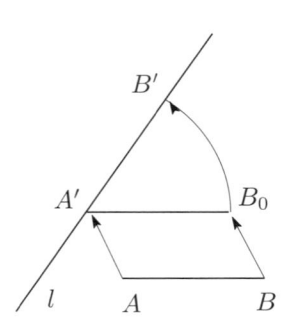

を中心とする回転を何度か繰り返す変換（合同変換と呼ばれる）のことです．つまり，2 つの図形は合同変換で移り合うとき，合同であると定義します．前頁の図では，線分 AB と $A'B'$ が合同であることを表わしています．この定義は具体的，かつ明確ですから，この定義が上の 4 つの公理をみたすことは，直感的にも明らかですし，また容易に確かめることができます．

しかし，合同の概念が非ユークリッド幾何の場合も通用するように，少し抽象的に見ておく必要があります．上のような合同変換たちの集合（Γ と表わします）が，次の性質をみたすことは簡単に確かめられます．

S1. 合同変換は続ける（合成する）ことができる．記号でいうと，$f, g \in \Gamma$ のとき，続けた変換 $f \circ g \in \Gamma$ も合同変換である．恒等変換（まったく動かさない変換）は合同変換であり，合同変換の逆変換（元に戻す変換）も合同変換である．これは，合同変換のセット Γ が「群」と呼ばれるものになっていることである．

S2. ある点が他の 2 点の間にあるという関係は，合同変換で保たれる．

S3. 任意の 2 つの半直線 h, k に対し，h の任意の点を k の点に移す合同変換が「ただ 1 つ」存在する．

S4. 半直線 h 上の点を h に移す合同変換は恒等変換に限る．

上の条件 S1, S2 を用いると，S3 の「ただ 1 つの」という条件は，S4 と同値であることがわかります．実際，まず S4 を仮定します．今，h の点を k に移す合同変換が f と g の 2 つあるとし

ます.g^{-1} を g の逆変換としますと,合成変換 $g^{-1} \circ f$ は h の点を h に移しますから,仮定より恒等変換です.これは $f = g$ であることを意味します.従って S3 の「ただ 1 つの」という条件が成り立ちます.逆は明らかです.

さて,合同公理を S1-S4 から導くことは難しくありません.G1 は S1,つまり合同変換の集合が群になっているという条件をそれぞれ確かめれば直ちにわかります.G2 の前半については,G2 の仮定から,AB と AC が合同になる合同変換は半直線の点をそれ自身に移しますから,S4 より恒等変換です.従って $B = C$ になります.G2 の後半については,角の 1 つの辺を他方の辺に移す回転を考えれば,前半の議論と同様にいえます.合同公理の残りも,やや面倒ですが考え方は同じです.

性質 S1-S4 は一般的なものですから,回転や平行移動のような特別の場合に限らず,S1-S4 をみたすなんらかの変換たちがあれば適用することができ,合同公理をみたすことが示されます.双曲線幾何の場合,この考え方を用います.

2 | 平行線公理 —— 三角形の内角の和はいくらか

さて合同公理までの公理を用いると,平行線の「存在」,つまり,
「直線 l 上にない点 P を通り l に平行な直線が存在すること」
が証明できるのです.ここではまず平行線の存在証明を与えておきましょう.あまり元に戻って議論をするのは大変ですから,三角形の外角定理を出発点にします.

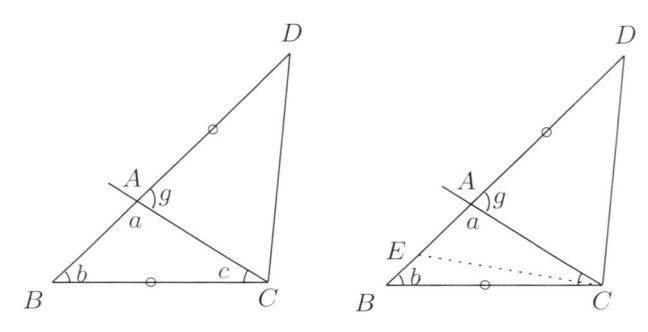

上の左の図で，三角形 $\triangle ABC$ の辺 AB を A の方向に延長したとき，角 g を $\triangle ABC$ の 1 つの外角といいます．外角定理とは次の定理です．

定理 三角形 $\triangle ABC$ の外角 g はその補角 a でないいずれの内角よりも大きい．

証明 左図において，まず $g \neq c$ を背理法で示します．$g = c$ と仮定すると矛盾が起きることを示しましょう．辺 AB を A の方向に延長した直線上に，$BC = AD$ となる点 D をとります．このとき，三角形 $\triangle ABC$ と $\triangle CDA$ は仮定より 2 辺狭角相等だから合同です．従って $\angle ACD = \angle BAC = a$ となります．一方，$a + g = 180°$ だから $\angle ACD + \angle ACB = 180°$ です．これは B, C, D が 1 直線上にあることになり，2 点 B, D を通る直線が 2 つ存在し矛盾です．

次に，$g < c$ と仮定します．このとき右図のように，直線 AB 上に点 E を $\angle ACE = g$ となるようにとることができます．仮定より，点 E は A と B の間にあります．しかし，三角形 $\triangle AEC$ について，上の議論から $\angle ACE \neq g$ となり矛盾です．

従って $g > c$ が示せました.なお,$g > b$ については,g の対頂角を考えれば同様に示すことができます. □

さて平行の定義を思い出しましょう.異なる 2 直線は交点をもたないとき平行であるといいます.また,異なる 2 直線が,第 3 の直線と交わるとき,図の 2 つの角 α, β を同位角といいます.また角 α と γ を錯角といいます.もちろん $\beta = \gamma$ です.このとき次の定理が成り立ちます.

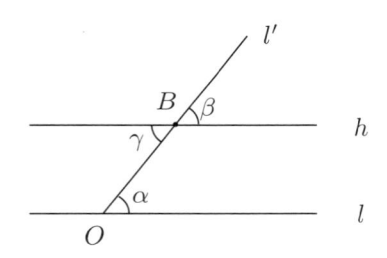

定理 2 つの直線が第 3 の直線となす同位角,あるいは錯角が等しければ,この 2 直線は平行である.

証明 図のように,2 直線 h, l と直線 l' が交わっていて,同位角 $\angle(l, l')$ と $\angle(h, l')$ が等しいとします.2 直線 h, l が l' の右側で交わるとしますと三角形ができます.このとき,$\angle(h, l')$ は三角形の外角,$\angle(l, l')$ は三角形の内角だから外角定理に矛盾します.2 直線 h, l が l' の左側で交わるときは,$\angle(l, l')$ と $\angle(h, l')$ の補角を考えれば同様です.錯角の場合も同様です. □

定理 直線 l と l 上にない点 B が与えられたとき,B を通って l と平行な直線が存在する.

証明 上と同じ図を考えます.l 上に点 O を適当に選び,O, B を結ぶ直線を l' とします.このとき合同公理(角を合同に移動することができる)より,B を通る直線 h であって,B を頂点と

する角 $\angle(h, l')$ が角 $\angle(l, l')$ と合同となるものがとれます．このとき同位角が等しいことから，直線 h と l は平行になります． □

ここで，上の同位角に関する定理の逆が成り立つかどうかを考えてみましょう．つまり

主張 I.「2 つの直線が平行であれば，第 3 の直線となす同位角は等しい」

が成り立つかという問題です．この主張は次の 2 つの主張とそれぞれ同値であることがわかります．

主張 II.「下の左図のように 2 つの直線が第 3 の直線となす角の和 $\alpha + \beta$ が $180°$ より小さいとき，この 2 直線を延長すると，これらの角の側で交わる」

主張 III.「直線 l と l 上にない点 B に対し，B を通り l に平行な直線は高々 1 つである」

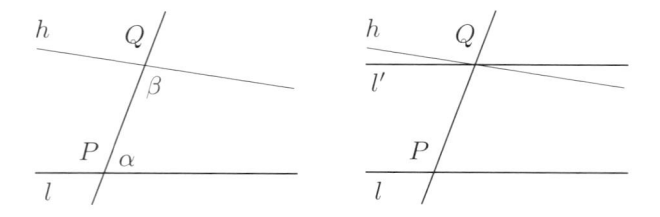

まず主張 I $\Rightarrow$ 主張 II を示します．主張 I を仮定します．左図の 2 直線 h, l が平行であれば，主張 I から同位角が等しいですが，II の仮定 $\alpha + \beta < 180°$ より h, l は平行ではありません．もしこの 2 直線が，α, β の反対側で交われば，外角定理より α, β

の補角の和が 180° より小さくなり仮定に反します．従ってこの 2 直線は α, β の側で交わり，主張 II が成り立ちます．逆に主張 II を仮定します．これは，同位角が等しくなければ，2 直線はいずれかの側で交わる，つまり平行でないということと同じです．しかし，これは主張 I の対偶に他なりませんから，主張 I が成り立ちます．

次に主張 III $\Rightarrow$ 主張 I を示します．前頁の右図のように，l, l' は平行とし，点 Q を通り l との同位角が等しいような直線 h をとりますと，同位角の定理から h と l は平行です．このとき仮定より，h と l' は一致するから，l, l' の同位角は等しくなります．逆は明らかです．

このとき，三角形の内角の和に関する次のよく知られた結果が成り立ちます．

定理 上の主張 I, II, III のいずれかが成り立つとする．このとき，三角形の内角の和は 180° である．

証明 図のように，三角形 PQR を考えます．また内角をそれぞれ a, b, c とします．点 Q を通る直線 h を，辺 QR と h のなす角が b となるようにとります．また，PQ を延長した直線と h のなす角を a' とします．このとき，直線 PR と h は錯角が等しいので平行です．このとき主張 I から，

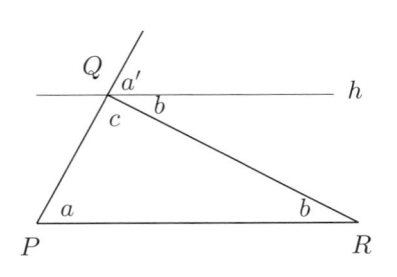

同位角相等 $a = a'$ が成り立ちます．$a' + b + c = 180°$ は明らかですから，内角の和は $180°$ になります．ちなみに，平行線が2本以上あり，主張 I が成り立たないとしますと，$a + b + c \leq 180°$ しかいうことができません． □

 上に述べた3つの主張，特に主張 II は明らかに成り立つように見えます．ユークリッドの原論では，この主張 II を公理（第5公準として知られている）に挙げています．ただし，近年では非ユークリッド幾何との対比がわかりやすいように，同値な主張 III を用いるのが普通です．つまり，平行線公理とは次のように述べられます．

公理 直線 l と l 上にない点 B に対し，B を通り l に平行な直線は高々1つである．

3 | 非ユークリッド幾何 —— 双曲面の上で幾何を考える

 平行線公理は他の公理とはやや違っているように思われます．もちろん前項の主張 II は直感的には明らかに見え，それゆえ公理に挙げられたのでしょうが，他方では残りの公理に比べやや複雑で，公理としての単純明快さに欠けます．また，平行線の「存在」は合同公理などから証明できるから，平行線公理，つまり平行線の一意性も証明できるのではないか，と考えられたのです．証明の試みはおそらくユークリッドの時代からあったと思われますが，平行線公理を証明しようとする（空しい）努力は19世紀まで続きました．19世紀になって，ガウスは非ユークリッド幾何

の存在を知っていたといわれます．しかし，慎重居士であったガウスは，非ユークリッド幾何の存在が巻き起こすであろう騒動？を恐れ，結果を発表しませんでした．結局，ロバチェフスキーの非ユークリッド幾何の発見とその公表によって，平行線公理を他の公理から証明することは不可能であることが「証明」されたのです．

それでは，ロバチェフスキーの双曲型非ユークリッド幾何について述べましょう．x, y, z 空間において次の方程式

$$z^2 = x^2 + y^2 + 1, \quad z > 0$$

で定まる曲面 H_+ を考えます．
これはいわゆる 2 葉双曲面の $z > 0$ の部分です．

考えようとしている幾何は，この双曲面の点を「点」とし，この双曲面と原点を通る 1 つの平面が交わるとき，その交点たちのなす双曲線を「直線」と考えるのです．ここで「」を付けたのは，普通に考える直線とは異なることを強調するためです．x, y, z 空間の原点を通る普通の意味の直線が，この双曲面 H_+ と交わるときはただ 1 点で交わります．従って，結合公理：異なる 2「点」を通る「直線」がただ 1 つ存在する，が成り立ちます．実際，双曲面上の異なる 2「点」P, Q に対し，原点 O と P, Q は 1 直線上にないから，この 3 点を通る平面がただ 1 つ定まるからです．また，「直線」上の異なる 3 点のうち，他の 2「点」の間にある「点」がただ 1 つあることも明らかですから，ユークリッド幾

何と同じ順序の公理が成り立ちます．従って，「線分」，「半直線」あるいは端点を共有する2つの「半直線」のなす角などはユークリッド幾何と同様に定義されます．

次に，双曲面上のこの幾何における合同をどう考えればよいでしょうか？ これを理解するため，ユークリッド幾何，特に x, y 平面の幾何と比較しやすいような工夫を考えます．x, y 平面の幾何では，回転や平行移動を繰り返して得られる平面の変換を合同変換と呼び，合同変換で移りあう図形を合同と定義しました．さらにこのような合同変換のもつ基本的な性質（162,163頁）を合同公理 G1～G4 としたのです．そこで，x, y, z 空間において $z = 1$ で表わされる平面 A_1 （アフィン平面と呼ばれる）を考えましょう．これは上の双曲面 H_+ に比べると，

$$z^2 = 1 = 0(x^2 + y^2) + 1, \quad z > 0$$

で表わされる面であることに注意しましょう．これは x, y 平面を 1 だけ z 方向に平行移動したものですから，x, y 平面の幾何をそのまま A_1 に翻訳することができます．さて高校では，2行2列の行列が x, y 平面の一次変換を定めることを学びました．同じように x, y, z 空間の一次変換は 3 行 3 列の行列で与えられます（付録 C, 2 節参照）．このような行列 A が，アフィン平面 A_1 の点を A_1 に移す条件は $A = \begin{pmatrix} a & b & c \\ d & e & f \\ 0 & 0 & 1 \end{pmatrix}$ の形であることと，これが x, y 平面の変換 $\begin{pmatrix} a & b & 0 \\ d & e & 0 \\ 0 & 0 & 1 \end{pmatrix}$ と平行移動 $\begin{pmatrix} 1 & 0 & c \\ 0 & 1 & f \\ 0 & 0 & 1 \end{pmatrix}$ の合成であることも付録で述べてあります．ユークリッド幾何の合

同変換は，回転，対称変換と平行移動の合成でしたから，アフィン平面 A_1 の合同変換とは

$$\begin{pmatrix} \cos\theta & -\sin\theta & c \\ \sin\theta & \cos\theta & f \\ 0 & 0 & 1 \end{pmatrix} \quad \text{または} \quad \begin{pmatrix} \cos\theta & \sin\theta & c \\ \sin\theta & -\cos\theta & f \\ 0 & 0 & 1 \end{pmatrix}$$

の形の変換になります．

さて，双曲面 H_+ の幾何における「合同変換」の定義は，上のアフィン平面 A_1 の場合の真似をします．つまり，合同変換とは，3 行 3 列の行列で表わされる変換であって逆変換をもち，双曲面 H_+ の点を H_+ の点に移すものと定義するのです．このとき，付録定理 C6 からこのような変換は，z 軸の周りの回転と，平行移動の合成になります．

このような合同変換が条件 S1-S4 をみたすことを確かめましょう．まず，双曲面 H_+ の幾何における「直線」とは，双曲面 H_+ と原点を通る平面の交点である双曲線でした．合同変換は一次変換ですから，原点を通る平面をやはり原点を通る平面に移します（付録定理 C2）．従って，「直線」を「直線」に移します．

最初に，合同変換とは双曲面 H_+ を保存する変換ですから，逆変換や合成も合同変換になります．このことから S1 は明らかです．S2 も明らかでしょう．次に S3 の「半直線」を移しあう合同変換の「存在」を示します．「半直線」 h, k の端点をそれぞれ P, Q とします．双曲面の中心点 $\begin{pmatrix} 0 \\ 0 \\ 1 \end{pmatrix}$ を O と表わします．このとき中心点 O をそれぞれ P, Q に移す平行移動 B_1, B_2 が存在します．このとき $B_1^{-1}(h)$, $B_2^{-1}(k)$ は，ともに O を端点とす

る「半直線」になります．このような「半直線」は回転によって移り合いますから，「半直線」h, k は平行移動と回転で移り合います．最後に S4 ですが，「半直線」h は O を端点としているとしてもかまいません．このとき h を h に移す合同変換は，中心点 O を動かしませんから，付録定理 C4 より回転になりますが，このような回転は明らかに恒等変換になります．

以上から，双曲面 H_+ の幾何における「合同変換」が条件 S1–S4 をみたし，従って合同公理をみたすことが示されました．

さて，平行線公理を考えるため，双曲面 H_+ を違った形で見てみましょう．双曲面の点 (x, y, z) に対し

$$u = x/z, \quad v = y/z$$

とおきます．このとき

$$-x^2 - y^2 + z^2 = 1, \quad z > 0$$

だから，$z^2(1 - u^2 - v^2) = 1$ となり，$u^2 + v^2 < 1$ が成り立ちます．逆に $u^2 + v^2 < 1$ のとき

$$x = u/\sqrt{1 - u^2 - v^2}$$
$$y = v/\sqrt{1 - u^2 - v^2}$$
$$z = 1/\sqrt{1 - u^2 - v^2}$$

とおくと，これらは双曲面と，u, v 平面の円板 $D = \{(u, v)\,;\,u^2 + v^2 < 1\}$ との互いに逆な対応を与えます．つまり双曲面と円板は一対一に対応します．このとき原点を通る平面

$$ax + by + cz = 0$$

は $au + bv + c = 0$ という直線に対応します．つまり，双曲幾何は円板内の点と円板内に限定した直線のなす幾何と考えてよいのです．円板内の直線は有限に見えますが，2 点間の距離は普通とは異なり，円板の境界に近づくにつれ 2 点間の距離が無限に大きくなるので，無限に伸びていると思うことができます．

双曲面での「直線」，つまり無限に伸びた双曲線は，円板内の「本当の」直線に対応しているから，結合の公理や順序の公理が成り立つことも直接わかります．また，直線 l と l 上にない点 P に対し，P を通って l に平行な直線は無数にあることも図から明らかです．従ってユークリッド幾何の平行線公理はここでは成り立ちません．以上から，双曲面 H_+ 上の幾何は，平行線公理以外の公理をみたす幾何であることが示されました．

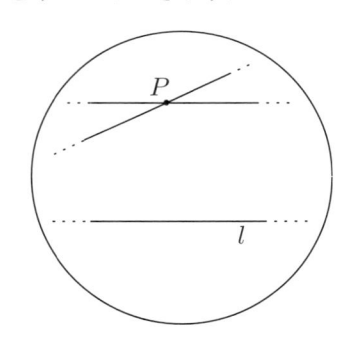

さてユークリッド幾何のような，形式的な対象とそれらに対し要請されるいくつかの公理からなる体系（公理系と呼びます）を考えます．そのような公理系に対して，具体的な集合を考え，その集合の要素やその部分集合たちでその公理系の対象を定義し，公理が成り立つことが示せるものを，公理系の 1 つのモデルであるといいます．ユークリッド幾何では，すでに何度か触れたように，集合として x, y 平面をとり，1 次方程式で表わされる点の集合を直線と定義すれば 1 つのモデルが得られます．公理系にモデルが存在すれば，公理系のどの公理も反証することはできませ

ん．つまりその公理の否定を残りの公理からは証明できないのです．実際，もしそうなら，その公理の否定はどんなモデルにおいてもいえることになるからです．従って古典的ユークリッド幾何の平行線公理の否定を他の公理から証明することはできないことがわかります．

一方，上に示したように，双曲面の幾何は，ユークリッド幾何の結合公理，順序公理，および合同公理をみたすモデルになっています．従って，古典的ユークリッド幾何の平行線公理そのものも，他の公理から証明することはできないことが「証明」できるのです．実際，平行線公理が他の公理から証明できるなら，双曲面幾何のモデルでも成り立つことになり矛盾だからです．このように，ある公理とその否定がともに他の公理から証明することができないとき，その公理は独立であるといいます．

4 | 閉じた「直線」の幾何

最後に別のタイプの非ユークリッド幾何であるリーマンの楕円幾何に触れておきましょう．双曲面 H_+ を定義した方程式を一般化した式

$$z^2 = 1 + \epsilon(x^2 + y^2)$$

を考えましょう．この方程式で表わされる図形は，ϵ が正，0 あるいは負によってその概形が異なります．$\epsilon > 0$ のときは双曲面，$\epsilon = 0$ のときは 2 平面であり，特に $\epsilon = 1, 0$ の場合，それぞれ $z > 0$ の部分が H_+，A_1 でした．$\epsilon < 0$ のとき，この

方程式のグラフは楕円面であり，特に $\epsilon = -1$ のときは球面を表わします．この球面上で同じように幾何を考えたいのですが，H_+, A_1 と事情が異なるところがあります．H_+, A_1 では，「直線」というのは，x, y, z 空間の原点を通る平面と，H_+ あるいは A_1 との交わりでした．従って，H_+, A_1 の「点」とは，x, y, z 空間の原点を通る直線との交点と考えることができます．方程式 $z^2 = 1 + \epsilon(x^2 + y^2)$ のグラフとの交点と考えると，これらは $z > 0$ と $z < 0$ の両方に現われますが，$z > 0$ の部分だけを考えていたのです．球面の場合は，$z > 0$ と $z < 0$ の部分を分離することはできないので，次のように考えます．球面上の各点と，（原点に関し）それと対称な点を「同一視」して 1 つの「点」を定めるとするのです．別のいい方をすると，原点を通る直線そのものを「点」と考えるのです．球面上の点は，原点を通る直線をただ 1 つ定めますが，対称な点も同じ直線を定めます．つまり，点とそれに対称な点を同一視することは，原点を通る直線を 1 つ考えることと同じになります．このような「点」たちの集合は射影平面と呼ばれます．また，原点を通る 1 つの平面と球面の交点は大円になりますが，大円上の各点とその対称点を同一視したものを，射影平面上の「直線」と定義するのです．双曲面 H_+ やアフィン平面 A_1 の場合も，点とその対称点を同一視したものを考えることは可能ですが，その場合は，$z > 0$ と $z < 0$ は完全に分離していましたから，点とその対称点を同一視したものと，$z > 0$ の部分だけを考えることは同じことだったので，射影平面というわかりにくいものを考える必要がなかったのです．さて，射影平面上で上のように定義された「点」と「直線」に対し，双曲面や

アフィン平面と同様に幾何を考えることができます．これがリーマンの楕円幾何です．楕円幾何では，平行な「直線」は存在しません．実際，球面上のどんな2つの大円も交わるからです．さらに，「直線」はいわば閉じているから，2「点」の「間」というのは意味がありません．従ってユークリッド幾何の順序に関する公理はそのままでは成り立たず，修正が必要になります．つまり，楕円幾何も非ユークリッド幾何なのですが，双曲面幾何に比べると，より「非」な非ユークリッド幾何であるといえます．射影平面は平面という言葉を用いますが，実際はある種の曲面です．球面は私たちの3次元空間の中で描くことはできますが，射影平面は描くことができません．図は球面の点とその対称点を表わしていますが，赤道を一周する適当な幅の帯の部分に注目しましょう．この部分の点とその対称点を同一視したものは，帯を半周したときの両端を，上下ひっくり返して同一視したものと考えることができます．これは正に第V話で考えたメビウスの帯に他なりません．つまり射影平面はメビウスの帯ををその一部に含んでいます．メビウスの帯は向き付け不能であることをいいましたが，射影平面も向き付け不能な曲面なのです．

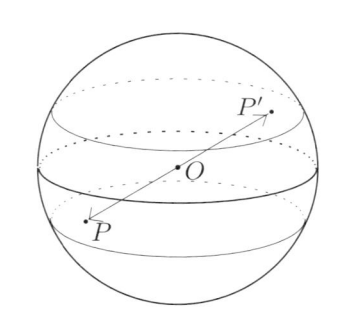

第IX話 | *Episode IX*

数学と論理

　高校の数学で，必要条件，十分条件や対偶，背理法などに悩まされた人も多いと思います．論理を学ぶ目的は，日本語を正しく使えるようになることに尽きるのですが，教科書などでは用語などがわかりやすいとはいえず，論理嫌いの学生をつくっているのです．この話では，数学において論理を正しく用いるにはどうすればよいかを考えます．

1 | なぜ論理を学ぶのか

　最初に背理法について考えましょう．背理法とは，ある主張 A を証明するため，一旦 A が成り立たないと仮定してなんらかの矛盾を導く証明法です．誤り（誤謬）に帰するという意味で，帰謬法とも呼ばれます．高校でも，$\sqrt{2}$ が無理数であること，正確には，$x^2 = 2$ をみたす有理数が存在しないことの証明に用いられます．別の典型的な例を挙げましょう．

　証明したい主張は「素数は無限に存在する」ことです．この主張が成り立たないと仮定しましょう．このとき素数は有限個ですから，すべての素数を $p_1, p_2, \cdots, p_k$ と並べ上げることができ

ます．ある自然数 n が素数でなければ，素数の定義から p_1 から p_k までのいずれかで割り切れなければなりません．そこで，$N = p_1 \times p_2 \times \cdots \times p_k + 1$ という自然数を考えましょう．N は p_1 から p_k までのどの p_i でも割り切れないから，上に述べたことから N は素数でなければなりません．一方，N はどの p_i よりも大きいので素数ではありませんが，これは矛盾です．従って素数が有限個であるという仮定は誤りであり，素数は無限個存在します．

背理法による証明がよくわからない，あるいはなんとなく言いくるめられている気がするという人も多いと思います．背理法の論法は

「ある主張 A が成り立たないと仮定して矛盾が起きたとしよう．矛盾というのは"おきてはいけない"ことだから，最初の仮定は誤りである．従って A が成り立つ」

といっているように思えます．この説明がアヤシイのは，「矛盾がおきてはいけない」というのはどういう意味なのか，どうしていけないのかが判然としないからです．矛盾が起きるというのは，ある命題とその否定命題が同時に成り立ってしまうことを意味します．昔の中国で，矛（ほこ）というのは槍に似た長い柄のついたやや幅広の剣，盾（たて）というのは矛や剣を防ぐ板状の防具のことです．中国の戦国時代，楚の国の武器商人が，矛を売るときは「この矛は鋭くてどんな盾も貫く」といい，盾を売るときは「この盾は堅くてどんな矛も防ぐ」といいながら矛と盾を売り歩きました．ある人に「その矛で盾を突けばどうなるんだ」と聞かれて返答できなかったという話が『韓非子』という書にある

のが,「矛盾」という言葉の由来です.もちろん現実には,このような矛と盾が「同時に」存在することはあり得ません.従って武器商人の主張の少なくとも1つは現実にはあり得ないという意味で嘘です.しかし,数学のどんな主張も現実の問題とは独立ですから,矛盾を含む主張を考えることが「何故」いけないのかは説明が必要になります.背理法を含め,数学と論理がどう関係しているのかを以下考えていきましょう.

高校では集合と論理をほんの少し学びます.しかし,論理,あるいは論理学というものを何の目的で学ぶのかといった肝心のことがあまり説明されているとは思えません.私たちが,AであることからBであることが「わかる」というとき,いろいろなレベルのわかりかたがあります.また,わかったことを他人に伝えようとするときもいろいろなやり方があります.直感的な説明や,あいまいな日常言語での説明では相手が正しく理解できているかどうかは判断できないでしょう.相手に内容を正しく伝えるには,共通に理解できる基本的な論理を用いて説明することが重要です.論理を学ぶ目的はこれであると思います.

2│命題論理 ──「ゆえに,または,かつ,でない」の論理

高校で主に学ぶ論理は「命題論理」と呼ばれるものです.まず,命題というのは,真である(正しい,あるいは成り立つ)か,偽である(成り立たない)かが明確に判定できるような主張をいいます.つまり命題というのは,真であるか偽であるかのいずれか

であって，中間的な状態はないものです．日常には命題とはいえないような主張がいくらでもあります．例えば，「1 億は大きい数である」というのは，真であるとも偽であるともいえません．

もう 1 点注意がいります．それは命題というのは 1 つの文だということです．例えば「1 + 1 は 3」だけでは文になっておらず命題とはいいません．「1 + 1 は 3 である」，あるいは「1 + 1 は 3 ではない」などの断定形であるのが普通です．また，「1 + 1 = 3 であることは正しい」という主張も命題です．日常言語では，あなたが「1 + 1 は 3 である」といったとき，通常それは「1 + 1 は 3 であることは正しい」といっていることを意味します．しかし，正しいと主張しても，本当に正しいかどうかはわかりません．この点をはっきりさせるため，主張の中身はかっこ「　」で括ることにします．このとき，「A は正しい」と，「A」は正しい，とでは意味がちがうことに注意しないといけません．前者は正しいと主張はしていますが，それ自身真偽はわからないのです．一方，「A」は正しいというのは，A という主張が実際の状況と合っていることです．

　命題論理（学）とは，いくつかの命題を規則に従って変形したり，それらの関係を調べることによって，前提となる命題から正しく結論となる命題を導きだすためのものです．このとき，前提の命題が真であれば，結論も真であることが保証されます．ここである命題が真であるというとき，2 通りの意味があることに注意しましょう．例えば，「A 君はクラスで 1 番背が高い」という主張は，クラス全員の背の高さを測れば正しいかどうかはわかります．また，「1 + 1 は 2 である」という命題が真であるのは，

数学の主張としていえることであって，命題論理とは関係がありません．このような主張の真偽は，その意味や内容から定まります．一方，

「「1＋1 は 3 である」ならば，「1＋1 は 3 である」または「1＋1 は 4 である」のいずれかが成り立つ」

という主張は，前提となる「1＋1 は 3 である」という命題が数学的に偽であっても，全体としては真なのです．一般にいえば，どんな命題 A, B に対しても

「A が成り立つならば，A または B が成り立つ」

という命題が真であるというのが命題論理の主張です．このような主張は A や B の内容に関わりませんから，その真偽に関係するのは，「ならば」と「または」という言葉です．つまり，上の主張が真であるというのは，「ならば」と「または」という言葉が正しく用いられていることを意味します．しかし，このような言葉の意味や，それが正しく用いられるということを厳密に述べようとすると困ってしまうでしょう．これはちょうど，ユークリッド幾何での点や直線，あるいは交わるというような基本用語に似ています．ユークリッド幾何と同様に，「ならば」や「または」のような言葉の使い方はみんながよく知っているものと思ってよいのですが，形式的に考えると上のような命題が真であるというのは，命題論理学の一つの「公理」なのです．

ここで，上のような主張の表わし方について注意をしておきましょう．前にも述べたように命題というのは 1 つの文ですから，その表わし方はいろいろあります．しかし，例えば「1＋1 は 2 である」という主張と，「1＋1 は 2 であることが成り立つ」，あ

るいは「1 + 1 は 2 は真である」という主張は同じであると考えます．従って上のような例だと，簡単に「A ならば「A または B」」といってもよいのです．

命題論理で，命題から新たな命題を生み出す操作が 4 つあります．命題 A, B に対し，
1. 否定命題「A ではない」，記号は「$\neg A$」
2. 論理和「A または B」，記号は「$A \vee B$」
3. 論理積「A かつ B」，記号は「$A \wedge B$」
4. 条件法「A ならば B」，記号は「$A \Rightarrow B$」

の 4 つです．4 の「A ならば B」はここでは「ならば」命題ということにします．また，記号としては「$A \vee B$」，「$A \wedge B$」，「$A \Rightarrow B$」をそれぞれ「$A \cup B$」，「$A \cap B$」，「$A \subset B$」と表わすこともあります．また，「A ならば B であり，かつ B ならば A」，つまり「$(A \Rightarrow B) \wedge (B \Rightarrow A)$」のとき，$A$ と B は同値であるといい，「$A \Leftrightarrow B$」と表わします．

これらについて注意すべき事柄をいくつか述べておきます．上の 4 つの命題は，A や B の真偽や，意味内容に関係なく考えることができます．例えば，「$1-1=0$ であり，かつ $(-1) \times (-1) = -1$ である」や，「$1-1=0$ であるか，または $(-1) \times (-1) = -1$ である」なども意味のある命題で，その真偽を問うことができます．容易にわかるように，前者は偽であり，後者は真です．上の 4 つの新しい命題の真偽はどうなるでしょうか．論理和や論理積については，その真偽は次のようになります．

「A または B」が真 $\Leftrightarrow$ A が真，または B が真．ただし，A と B がともに真の場合を含めます．

「A かつ B」が真 ⇔ A が真,かつ B も真.

これらは「または」や「かつ」という言葉の普通の用い方からは当たり前と思ってよいのですが,形式的,あるいは公理的な論理学からいえば,「または」命題や「かつ」命題の真偽は上のように「定義」されるのです.

3 | 真ではないことはない＝真？

次に否定命題を考えます.否定命題を正しく扱うのは結構難しいのです.例えば,A として「このカラスは黒い」という命題を考えましょう.「このカラスは白い」や「このカラスは赤い」は A を否定していますが,それらは否定命題ではありません.A を否定する,つまり A が成り立たなくなる命題を,いわば「すべて」集めたようなものが否定命題「A ではない」なのです.もともと A が文としては肯定形であり,特定の対象に関わっている場合でも,否定命題は無数の主張に関わっています.つまり命題と否定命題は一般的には非対称なのです.命題と否定命題の真偽について考えましょう.カラスの色は黒いか,黒くないかのいずれかとします.つまり,黒なのか濃い灰色なのか判然としないようなことはないとします.このとき $A =$「このカラスは黒い」という主張は真であるか偽であるかのいずれかですから,この主張は確かに命題です.またこのときは,A であるか,A でないかのいずれかが成り立ちます.さて,「このカラスは黒い」という主張が真であるのは,目の前のカラスが実際に黒いときであり,偽で

あるのは黒くないときです．ですから，目の前のカラスが実際に黒いとき，「このカラスは黒くない」と主張すれば偽になります．つまり

(1)　　A が真 $\Rightarrow$ $\neg A$ が偽

がいえます．同様に

(2)　　$\neg A$ が真 $\Rightarrow$ A が偽

もいえます．これらをいうのに，カラスの色は黒いか，黒くないかのいずれかであるということは必要ありません．では，これらの逆はどうでしょうか？

(3)　　$\neg A$ が偽 $\Rightarrow$ A が真

(4)　　A が偽 $\Rightarrow$ $\neg A$ が真

例えば，「このカラスは黒くない」が偽であれば，カラスの色は黒いか黒くないかのどちらかですから，「このカラスは黒い」ことになり，(3) が成り立ちます．(4) も同様です．従って命題とその否定命題では，真偽が入れ替わります．またこのとき，命題 A とその二重否定 $\neg(\neg A)$ はその真偽が一致します．つまり A が真であることと，$\neg(\neg A)$ が真であることは同じになり，いわゆる二重否定は肯定になります．

　上に述べたことは当たり前のことのようですが，決してそうではありません．B として「X 君にとって 1 億は大きい数である」という主張を考えます．このとき B ではないというのは，「X 君にとって 1 億は大きい数ではない」になります．しかし，「X 君にとって 1 億は大きい数かどうかはわからない」という場合も考えられます．X 君が実際にどう考えるかによって，B が真であるか偽であるか以外の第 3 の状態があることになります．つま

り，主張 B は命題ではありません．この主張 B について，上の (1) から (4) はどうなるでしょうか．(1), (2) は，明らかに成り立つことがわかります．しかし，(3) は成り立ちません．「B でない」つまり，「X 君にとって 1 億は大きい数ではない」ということが偽であっても，それは，「1 億は大きい数である」または「1 億は大きい数かどうかわからない」ということですから，「1 億は大きい数である」とはいえないのです．つまり，二重否定は必ずしも肯定になるとは限らないのです．命題とは限らないどのような主張にも否定を考えることはできますから，二重否定は常に肯定であるとうっかり思わないよう注意が必要です．主張 B は命題ではないといいましたが，いいかえると，B または $\neg B$ 以外の可能性があるわけです．逆に A が命題であることと，A または $\neg A$ が成り立つことが同じになります．このようなとき，命題 A は排中律をみたすといいます．これは言葉通り，A と $\neg A$ の中間の状態はないことを意味します．

また，A が複雑な命題で，後で述べるような「すべての」や「存在する」といった用語を含む場合，否定命題を正しく解釈するのは重要なのですが，同時に難しいのです．例えば A として「すべてのカラスは黒い」という命題を考えましょう．現実にはこの命題は正しいかもしれませんが，それは今は関係がありません．「白いカラスが見つかった」という命題は確かに A が正しくないこと，つまり A を否定しています．それではこれが A の否定命題でしょうか？「すべてのカラスは黒い」が偽であっても，「赤いカラスがいて，白いカラスがいない」こともありますから，「白いカラスが見つかった」というのは A の否定命題では

ありません．A の否定命題とは，A を否定するような個々の命題をすべて集めたものですから，正しい否定命題は「黒くないカラスがいる」になります．

4 | A ならば B —— 嘘からまことは導けるか

最後に「ならば」命題を考えましょう．「A ならば B」という命題はとても誤解しやすい命題です．日本語の語感としては，A であることを用いて B であることを示したり，A が原因で B が結果である場合に使われるように思われます．例えば

「明日雨なら運動会は中止だ」

は，「明日雨が降る」を A，「運動会が中止になる」を B とすると，「A ならば B」という形をしています．上の例では，A と B には内容的な関連がありますが，命題論理でいう「A ならば B」では，A と B は無関係な命題であってもよいのです．また，A や B が真であれ偽であれ，このような主張をすること自体は可能です．例えば

「信号が赤になったら，みんなが傘をさした」

「$1+1$ が 3 ならば，$1+2$ は 8 である」

という主張もできます．

それでは「ならば」命題の真偽について考えましょう．そもそも「A ならば B」という命題が真であるというのはどういうことでしょうか？ 「明日雨なら運動会は中止だ」を例にして考えるのがわかりやすいでしょう．この主張が偽なのは，実際に雨が

降ったのに，なんらかの事情で運動会が行われた場合だけです．つまり，$A=$「明日雨が降る」が真で，$B=$「運動会が中止になる」が偽の場合です．それ以外は，A, B がともに真のときは，文字通り「雨が降って運動会が中止になった」のですから真ですし，雨が降らなかった，つまり A が偽のときは，「明日雨なら運動会は中止だ」という主張自身が無意味なのですが，偽ではないので真とするのが約束です．一般に，「ならば」命題の真偽は次のように「定義」されます．

「A ならば B」が真 $\Leftrightarrow$ A が偽，または B が真

これは，論理和や論理積に比べると理解しにくいと思います．定義に従うと，例えば「$1+1$ が 3 ならば，$1+3$ は 8 である」は真になります．このような主張は内容的には無意味なのですが，真か偽かといわれれば真とするしかないのです．あるいは，$1+1$ が 3 ならば，というような「有りえない」ことを仮定するなら，結論としては何をいってもかまわないともいえます．ただしこれは「ならば」命題が真であるといっているだけで，結論の「$1+3$ は 8 である」が真であることを意味しないことは当然です．

では次の例を見てください．

「$1+1=2$ であれば，$\sqrt{2}$ は無理数である」

この場合，$A=$「$1+1=2$ である」と $B=$「$\sqrt{2}$ は無理数である」はともに真です．従ってこの「ならば」命題は真なのですが，この命題は何の役にも立ちません．「ならば」命題に意味があるのは，命題 A, B の真偽がわからなくても，「ならば」命題自身が真であることがわかっている場合です．このときは，A が真であることがわかれば，B も真であることが「推論」されるか

らです．

　さて，2つの命題「AならばB」と「$\neg A$またはB」を比べて見ましょう．まず，「AならばB」が真であるとします．このとき，Aが偽であるか，またはBが真になりますが，これは「$\neg A$またはB」が真であることに他なりません．つまり

　「AならばB」ならば「$\neg A$またはB」

がいえます．同様に逆向きの「ならば」もいえますから，2つの命題「AならばB」と「$\neg A$またはB」は見かけは違っていても「同値」になります．

　論理和，論理積，否定命題および，「ならば」命題を組み合わせると，複雑な命題や命題の列ができます．簡単な例として次を考えましょう．

　「ソクラテスは人間である．」

　「ソクラテスが人間であれば，ソクラテスは死ぬ．」

　（結論）「ソクラテスは死ぬ．」

「ソクラテスは人間である」をA,「ソクラテスは死ぬ」をBとします．このとき上の主張は

　「「A」かつ「AならばB」」であるならば「Bである」

という形になります．この命題がA, Bの真偽いかんにかかわらず，論理的に真であることは，「ならば」命題の真偽の定義から簡単に示すことができます．従って，AやBの内容にかかわらず，ある命題から他の命題を正しく導出することができます．つまり上のような命題は1つの推論規則であるともいわれます．

　ちなみに，次の推論を考えましょう．

　「ソクラテスが人間であれば，ソクラテスは死ぬ．」

「ソクラテスは死ななかった.」
（結論）「ソクラテスは人間ではない.」
これは

「「A ならば B」かつ「B でない」」ならば「A でない」

という形になります．この命題が論理的に真であることも簡単に示すことができます．内容的にはなんだかおかしいのですが，論理的推論としては間違ってはいません．ただし，ソクラテスがギリシャの哲学者ではなく,「ロボット」であれば内容的にも間違っていません．

論理和，論理積，否定命題および，「ならば」命題を組み合わせた命題には，個々の命題 A や B などの真偽に関わりなく，常に真であったり，偽であったりするものが上の例以外にもいくつかあります．例えば「A ならば A」，記号で書けば「$A \Rightarrow A$」は常に真であると考えます．このような命題の基本的なものをあまり厳密さにこだわらず列挙しましょう．A, B などは任意の命題とします．

(1) 「A ならば A」は真である（同一律）

(2) 「A かつ $\neg A$」は偽である（矛盾律）

(3) 「A または $\neg A$」は真である（排中律）

(4) 「A ならば「A または B」」は真である．同様に「B ならば「A または B」」は真である．

(5) 「「A かつ B」ならば A」は真である．同様に「「A かつ B」ならば B」は真である．

(6) $\neg(A$ または $B) \Leftrightarrow \neg A$ かつ $\neg B$，$\neg(A$ かつ $B) \Leftrightarrow \neg A$ または $\neg B$ （ドモルガンの法則）

(7) 「A」は真である $\Leftrightarrow$ 「$\neg(\neg A)$」は真である.

(8) 「A」が真, かつ「A ならば B」が真であれば,「B」も真である

(9) 「A ならば B」が真であれば,「$\neg B$ ならば $\neg A$」も真である

少し解説します. ここで扱う主張は命題ですから, 前述したように (3) の排中律をみたすことは明らかです. またこのとき (7) の二重否定が肯定と同値であることも述べました. 排中律を仮定すれば, 残りの主張は否定命題, 論理和, 論理積, 「ならば」命題の真偽から, すべて導くことができます. 例えばドモルガンの法則は次のように示されます.

「$\neg(A$ または $B)$ が真 $\Leftrightarrow$ $(A$ または $B)$ が偽」

ですが, これは A も B も偽であることと同じです. 従って $(\neg A)$ かつ $(\neg B)$ が真であることと同じになります. 後半も同様です. (2) の矛盾律は, 排中律の否定 $\neg(A$ または $B)$ が偽であることと, ドモルガンの法則から示されます. (9) はいわゆる対偶命題の同値性です. 命題「$\neg B$ ならば $\neg A$」は命題「A ならば B」の対偶と呼ばれます. 「ならば」命題の真偽から, 「A ならば B」が真であることと, 「$\neg A$ または B」が真であることは同値です. このとき $\neg B$ が真であれば, B が偽ですから $\neg A$ が真になります. つまり「$\neg B$ ならば $\neg A$」は真なのです. 他の主張も同様に示すことができます.

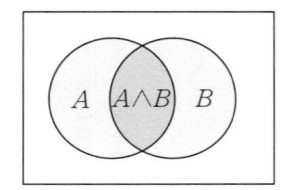

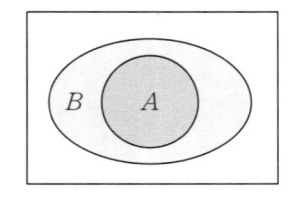

これらの論理規則を覚える方法として，教科書にはベン図というものがよく使われます．A という命題の表わす図形の（全体集合である長方形の中で）外側が A の否定 $\neg A$ を表わしています．左側はドモルガンの法則 $\neg(A$ かつ $B)$ が $\neg A$ または $\neg B$ であることを図示しており，右の図は対偶の状況，つまり A ならば B のとき，$\neg B$ ならば $\neg A$ であることを表わしています．ただし，ベン図というのはイギリスの数学者のジョン・ベンが集合の合併や共通部分などの演算を表わすため考案したものですが，論理や命題と集合はそんなに厳密に対応しているわけではないので，これらの論理規則が成り立つ理由の正しい説明になっているわけではなく，単なる「便図」と思っておいた方がよいでしょう．

5 │ 背理法と矛盾 —— 矛盾があれば何でもいえる

それでは，背理法による証明を少し詳しく見ていきましょう．証明したい命題（冒頭の例では「素数は無限にある」）を A とします．素数は無限にあるか，ないかのいずれかですから，A が排中律をみたすことに注意しておきます．A を否定すると矛盾が

起きるということは，なにか矛盾する命題 P が見つかる，つまり

$$\neg A \quad \Rightarrow \quad P \text{ かつ } \neg P$$

となります．この対偶は

$$\neg \lceil P \text{ かつ } \neg P \rfloor \quad \Rightarrow \quad \neg(\neg A)$$

です．A は排中律をみたしますから，二重否定 $\neg(\neg A)$ は A と思ってかまいません．一方，矛盾律から「P かつ $\neg P$」は P の内容にかかわらず偽です．従ってその否定 $\neg\lceil P$ かつ $\neg P\rfloor$ は P の内容にかかわらず真になります．従って先ほどの規則 (8) から A は真になります．これで A が証明されたのですが，納得してもらえたでしょうか？　「$\neg A$ なら矛盾が起きる．矛盾が起きてはいけないから A が成り立つ」という説明のほうが直感的にわかりやすければそれでも良いのですが，正しく論理をたどって証明できる快感も味わってほしいものです．

　さて，もう少し矛盾について考えてみましょう．前述したように，A が偽であれば，「A ならば B である」という「ならば」命題は真になります．ただしこのことから，B の真偽はわかりません．例えば「$1+1=3$ であれば，$1+2=8$ である」は真ですが，「$1+2=8$ である」はもちろん偽です．一方，A が真であり，かつ，「A ならば B である」も真のときは，B は真です．さてここで矛盾する命題 P があるとします．定義から P は真かつ偽ですから，「P かつ $\neg P$」は真になります．一方，矛盾律から P が何であっても 「P かつ $\neg P$」は偽です．さて，A は任意の命題とします．このとき「P かつ $\neg P$」が偽ですから，「ならば」

命題「「P かつ $\neg P$」ならば A である」は真になります.ところが上述のように「P かつ $\neg P$」は真でもありますから,A は真になります.つまり矛盾する命題があれば,どんな命題 A も真になります.いいかえると,矛盾があれば「すべての命題は形式的に証明できる」ことになります.つまり「$1 = 0$」も形式的には証明可能なのです.

物理的世界では,前述の矛と盾のようなものは同時に存在することはできません.数学の世界でも,背理法では矛盾があると仮定した上で議論をするのですが,それはあくまで仮定です.もちろん数学は自由な世界ですから,実際に矛盾が存在してはいけないという理由はなく,どこかに矛盾が隠されている可能性はまったく否定できるわけではありません.私たちが普通に学んだり,研究したりする数学にはそのような危険性はないと信じられていますが,そのような無矛盾性を保証することを目指すのが数学基礎論という分野で,いくつかの数学理論の無矛盾性が証明されています.

6 | 記述論理 —— 言葉の正しい使い方

高校で学ぶ論理には,命題の他に条件文と呼ばれるものがあります.例えば「x が実数であれば,x^2 は 0 または正の実数である」という主張を考えます.これは命題で,数学的に真です.これは「x は実数である」という文 A と「x^2 は 0 または正の実数である」という文 B に分けると「A ならば B である」の

形をしています．A, B はそれぞれ単独には真偽が決まらず命題ではありません．これらは条件文と呼ばれ，組み合わさることで命題になります．条件文には必要条件と十分条件の区別があります．「A ならば B である」という命題の場合，A は (B であるための) 十分条件であり，B は (A であるための) 必要条件であるといいます．このような用語は，命題の前提となる条件と，結論となる条件を「区別」するために「数学用語」として用いられるので，日常の必要や十分という言葉の使い方と常に整合しているとは限らないことに注意しなければなりません．例えば，「x が負でない実数であれば，x^3 は負でない実数である」の場合，普通の意味の必要と十分で意味は通じます．しかし，「x が負でない実数であれば，x^2 は負でない実数である」の場合，「x^2 が負でない実数である」ことは常に成り立っていますから，それが「x が負でない実数である」ために「必要である」というのは変ないい方でしょう．また，必要あるいは十分という言葉の語感を表わしたいためか，「A であるためには B でなければならない」というようないい方をよくします．しかし，これが「A ならば B」なのか，「B ならば A」なのか，瞬時にわかるでしょうか？　後でも触れますが，論理に関わる問題を，日常言語で正確に扱うのは思う以上に難しいのです．

　上のような変数を含むような命題を考えるのは，述語論理と呼ばれます．述語論理では，すべての実数に対して，とか，かくかくの条件をみたす整数が存在するとかいうような主張も考えます．これは高校の教科書では扱っていないようですが，大学の入学試験などには平気で出題されます．例えば，「p は素数である」

という条件からなにかを証明したいとき，この主張をできるだけ正確にいう必要があります．例えば「1 より大きく p より小さいどんな自然数 n に対しても，$nm = p$ となる自然数 m は存在しない」ということができます．「p は素数である」のような簡単な主張を，このような回りくどいいい方にする理由の 1 つは，「p は素数である」ことからなにかを証明するとき，用いることのできる論理的な構造が明確にできるためです．

述語論理で用いられる用語「存在する」と「すべての」については少し注意が必要です．「存在する」という言葉はあまり誤解の余地はないのですが，「すべての」という言葉には問題があります．次の例を考えましょう．

「すべての自然数より大きな自然数が存在する」

この文は 2 つの可能な解釈ができます．1 つは

「どんな自然数に対しても，それより大きな自然数が存在する」

であり，もう 1 つは

「ある自然数が存在して，それはどんな自然数より大きい」

です．明らかに前者は正しく，後者は誤りです．つまり最初の主張は，真偽どころか，意味すら確定していないのです．ちなみに次の文を見ましょう．

「99 以下のすべての自然数より大きな自然数が存在する」

この場合は上の 2 つの解釈のどちらも正しくなるので，「すべての」という言葉はそれほど問題になりません．しかし，「すべての」という言葉は対象を「まとめて」考える意味が強いので，無限の対象を扱う場合は実無限に関わることになり，誤解を生みやすいのです．無限のものを「すべて」扱うにしても，考えるとき

は一つひとつを対象にしていることがわかるようにしなければなりません.

　第IV話で，数列の収束について ϵ-δ 論法に触れました．数列 $a_1, a_2, \cdots, a_n, \cdots$ がある数 a に収束するというのは
　「どんな正の数 ϵ を持ってきても，その ϵ ごとに適当な自然数 n_0 があって，$n > n_0$ であれば $|a - a_n| < \epsilon$ となる」
という形で述べました．微積分の教科書などでは
　「すべての（あるいは，任意の）正の数 ϵ に対し，自然数 n_0 があって，$n > n_0$ であれば $|a - a_n| < \epsilon$ となる」
というような形で書かれることが多いのですが,「すべての」という言葉はやはりわかりにくいように思われます.「すべての」という言葉に似たものとして,「任意の」,「勝手な」, あるいは「どんな」などがあります．それぞれ日本語としての語感は微妙に異なるし，人によって受け止め方はさまざまです．いずれにせよ，いいたいことを誤解のないよう正しく伝えるには，言葉に敏感でなければなりません．

　述語論理では,「すべての」には $\forall$ という記号,「存在する」には $\exists$ という記号が用いられます．また，命題全体もできるだけ記号化されます．これは，命題の論理構造や，後で述べるように否定命題を作るときに便利になります．複雑な命題を記号化するには少しテクニックがいります．例えば「白いカラスが存在する」という文を考えましょう．英語では,「There exists a crow whose color is white」というように，カラスにつく形容詞句を後ろに持ってくることができます．日本語では普通このようないい方はしませんが，記号的に「カラスが存在する：その色は白い」とい

うような表わし方ができます．これを記号化しましょう．カラスを A，色が白いという性質を P としますと，$\exists A ; [P]$ になります．「すべて」文も同様です．「すべてのカラスは黒い」は，黒いという性質を Q としますと，$\forall A ; [Q]$ と表わせます．少し複雑なものとして，先ほどの「ある自然数が存在して，それはどんな自然数より大きい」はどう記号化できるでしょうか．答えを書いてしまうと n, m は自然数を表わすとして，$\exists n ; [\forall m ; [n > m]]$ です．これを前から読み下していけば，元の主張になっていることがわかると思います．

存在命題やすべて命題の否定命題を正しく表わすのは数学では特に重要です．「白いカラスが存在する」の否定命題は何でしょうか？ これには 2 通りの異なる表わし方があります．1 つは「白いカラスは存在しない」で，もう 1 つは「すべてのカラスは白くない」です．前者は単なる命題論理としての否定ですが，述語論理として考えるときは，後者が重要になります．また，「すべてのカラスは黒い」の否定命題は，前述したように「黒くないカラスが存在する」です．これを「すべてのカラスは黒くない」というと誤りです．このような形でいいたければ，「すべてのカラスが黒いということはない」になります．これらの例からわかるように，存在命題の否定は，「すべて」命題の形で，また「すべて」命題の否定は存在命題の形で表わすことができます．

このことを命題を記号化して見てみましょう．カラスを A，白いという性質を P，黒いという性質を Q とします．このとき「白いカラスが存在する」は「$\exists A ; [P]$」であり，その否定「すべてのカラスは白くない」は「$\forall A ; \neg [P]$」です．また，「すべてのカラスは

黒い」は「$\forall A ; [Q]$」であり,その否定「黒くないカラスが存在する」は「$\exists A ; \neg[Q]$」です.これらは「$\forall A ; [\neg P]$」や「$\exists A ; [\neg Q]$」と表わすこともできます.つまり否定命題を作るには,$\forall$ と $\exists$ を入れ換え,性質を否定すればよいのです.少し複雑な例として,先ほど考えた命題「ある自然数が存在して,それはどんな自然数より大きい」を考えます.これは,記号化すると「$\exists n ; [\forall m ; [n > m]]$」でした.従ってその否定は「$\forall n ; \neg[\exists m ; [n > m]]$」になりますが,否定命題「$\neg[\exists m ; [n > m]]$」は同じように「$\forall m ; \neg[n > m]$」になります.$\neg[n > m]$ とは $[n \leq m]$ のことですから,結局否定命題は「$\forall n ; [\exists m ; [n \leq m]]$」になります.これを文章になおすと「どんな自然数 n に対しても,n 以下の自然数が存在する」となります.元の命題は偽でしたが,否定命題は確かに真になっています.

前に,命題とその否定命題は対称でないことをいいました.存在命題の場合,このことは特に重要になります.$\sqrt{2}$ が無理数であることは背理法で証明されます.$\sqrt{2}$ が無理数であるとは,$\sqrt{2} = m/n$ となる自然数 n, m が「存在」しないことです.つまり $\sqrt{2}$ が有理数であると仮定しますと,$\sqrt{2} = m/n$ となる自然数 n, m が「存在」します.この n, m は互いに素であるとしてかまいません.このとき,$2 = m^2/n^2$ だから $m^2 = 2n^2$ です.従って m は偶数で,左辺は 4 の倍数となり,n も偶数となり,n, m が互いに素であることに反します.従って,$\sqrt{2}$ が無理数であることが示されます.この証明を見ますと,「存在しない」ことを直接示すことことは困難なので,その否定を考えるとうまく行くという例になっています.

7 | 排中律についてもう少し考える

　数学の主張を正しく論証していくには，考えている主張がいくつかの論理規則をみたしていることが前提となります．矛盾を含む体系ではすべてが証明でき，正しいことが何もいえない不毛の体系となるので論外です．ここでは排中律についてもう少し考えましょう．改めて書けば，排中律とは何々は何々であるというような言明 A に対し，A であるか，A でないかのいずれかが成り立つ，という主張です．つまり真である，偽である以外の第 3 の状態はないということです．命題論理のところで述べたように，命題とは真であるか偽であるかが判定できるような主張です．従ってその定義から，命題に対しては排中律が成り立ちます．これが命題論理の排中律の公理に他なりません．しかし，日常の文では，前に述べたように，「1 億は大きい数である」というような排中律をみたさない例はいくらでも考えられます．「正三角形はおいしい」のような，文法的には正しくとも，真偽を問うことに意味のない文もあります．しかし，排中律はどんな場合も正しいように見えます．極端な場合，意味があろうとなかろうと，「正三角形はおいしい」か「おいしくない」かのいずれかであるというのは正しいように見えます．しかしこれは，何々でない，という否定文の語感によるものでしょう．A でないものをすべて考えるのが否定なのですが，A であるかないかが「明確に」分かれていなければ，A でないものをすべて考えるのは不可能です．

　また，命題のように見える主張であっても，その真偽の「判定」が可能かどうかがはっきりしない場合もあります．例えば，双子

素数 (n と $n+2$ がともに素数) が無数に存在するかどうかは今のところ知られていません. 双子素数が無数に存在するかどうかについては, 将来ある時点で, 真偽いずれかが判明することになるか, 決してわからないかのいずれかです (後者は例えばこの主張がゲーデルの不完全性定理 (第X話 4 節) の決定不能命題の実例である場合です). 後者の場合, それでも排中律が成り立つと考える立場と, そうでないと考える立場があります. 極端な場合, 私たちには真偽はわからないが,「神様」にはわかっていると思えば排中律は成り立つともいえるのです.

さて, 背理法の証明においても, 証明したい事柄が排中律をみたすことが必要でした. 排中律は, なにかある性質をみたすものが存在するということを証明するときによく用いられます. そのような例を紹介しましょう. 最初の主張は

「α^β が有理数となるような無理数 α, β が存在する」

です. 証明には

$$\left(\sqrt{2}^{\sqrt{2}}\right)^{\sqrt{2}} = \sqrt{2}^{\sqrt{2}\times\sqrt{2}} = \sqrt{2}^2 = 2$$

であることを用います. α として $\sqrt{2}^{\sqrt{2}}$ をとります. 排中律より, α は有理数であるか, 無理数であるかのいずれかです. α が有理数なら証明終わりです. 一方, α が無理数なら, $\beta = \sqrt{2}$ として, $\alpha^\beta = 2$ だから求める例になっています. この証明の問題点は, α が有理数であるか, 無理数であるかが決定不能の場合にも適用できるのか, ということです. (実は, この問題の場合, 超越数の理論から α は無理数であることが知られています.)

別の例は, 代数学や整数論で重要な役割を果たす次のような主

張です.

「S は自然数の集合の空でない部分集合とする.このとき S には最小の自然数が存在する.」

これは直感的には明らかなように見えますが,「自然数」という言葉を「正の有理数」に変えると成り立ちません.証明を与えましょう.S は空でないから,S に属する自然数があります.それを n_1 とします.n_1 は S の中で最小であるか,ないかのどちらかです.最小であれば証明は終わりです.また,最小でなければ,n_1 より小さい自然数 n_2 があります.n_2 は S の中で最小であるか,ないかのどちらかですから,n_2 が最小であるか,または n_2 より小さい n_3 があります.これを繰り返せば,有限のステップで最小の数に到達します.

現代数学の創始者ともいうべき,ドイツの数学者ヒルベルトは,代数学のいくつかの重要な定理を上に述べた事実を用いて証明しました.第III話で述べた整数論の定理もその一つです.しかし,これに対し,当時の著名な数学者たちから批判がなされました.上の証明で n_1 が S の中で最小であるか,ないかのいずれかであるにしても,そのどちらであるかを確かめるにはどうすればよいでしょうか? S の数字をそれぞれ書いた無数のカードを裏返し,ばらばらに並べておきます.そのカードを1枚ずつ表向けていきます.もし n_1 より小さいカードが現われれば,n_1 が最小でないことがわかります.しかし,もし n_1 が1ではなく,かつ最小であるとき,それを確かめる方法はあるでしょうか? 結局,最後までカードを開き「尽くさない」とわからないのではないでしょうか? 排中律を用いることができるのは,A であるか

ないかが，原理的には有限的なステップによって確かめられる場合に限らなければならないというのが，批判の要点でした．しかし今日では，上のヒルベルトの主張はその有用性から広く認められています．

排中律については，次のような例も考えましょう．円周率 $\pi = 3.14\cdots$ の計算は，コンピュータの能力の向上で止まるところがありません．少なくとも現在，小数第 5 兆位くらいまで知られています．それによれば，0 から 9 までの数字はほぼ均等に現われているようです．しかし，π の小数展開がいくら計算されたとしても，無限小数全体に関するなんらかの決定的な主張が得られるという見込みはほとんどないでしょう．簡単な主張

(∗) π の小数展開において，0 は無限回現われる

を考えてみます．これまでの計算からこれは非常にありそうな主張ですが，これを実際に確かめることは不可能と思われます．このような主張に対して排中律が成り立つと考えるには，π の無限小数展開が「実在する」，あるいは無限に「並べ尽くされた」列が考えられるという立場が必要ともいえます．これはまさに第Ⅳ話で述べた実無限を認めることになります．あるいはプラトン主義（第Ⅱ話 8 節）の立場ともいえます．上の例でも，例えば 3 というカードが現われたとき，それが最小であることを確認するには，すべてのカードを開き「尽く」さなければなりません．これも実無限です．このような実無限に対する考え方はいろいろです．前段の主張と異なり，π の無限小数展開のような場合，それを実無限と考えても特段なにかがわかるわけでもありません．ですから，このような実無限を認めるかどうかは，それぞれの「好

み」のようなものといえます．しかしヒルベルトの主張とそれをめぐる議論は，それまでの数学観と，形式主義という新しい数学観の対立の象徴だったのです．

第X話 | *Episode X*

パラドックスいろいろとゲーデルの不完全性定理

　数学ではどんな問題も，それが適切に立てられているかぎり，肯定的にせよ，否定的にせよ必ず解決できるものと思われています．フェルマーの定理のように解決に永年かかることはあっても，正しいか間違いかが永久にわからない問題はないと考えられてきました．これが成り立たないというのが，ゲーデルの不完全性定理の主張です．本書の締めくくりとして，不完全性定理の解説をします．

1 | ゼノンのパラドックス ── アキレスとカメ

　数学に関わるようなパラドックスというのは，直訳すれば，反対向き（パラ）の言明（ドックス）ということになります．つまり，A であることと，A でないことが同時に起こっているように「見える」ことです．前話で述べたように，A であることと，A でないことが同時に成り立つことを矛盾というのですが，パラドックスの場合は，ある見方をすると A であり，別の見方をすると A ではないことがいえるという，やや曖昧な形であること

が多いようです.

　まず，最初にゼノンの有名な「アキレスとカメ」のパラドックスを紹介します．ギリシャの英雄アキレスとカメが競争をすることになりました．アキレスは時速 20 km で走り，カメは（実際よりとても速いが計算を簡単にするため）時速 10 km で走るとします．このままでは勝負にならないので，ハンデを付けるため，カメのスタート地点はアキレスのスタート地点の前方 10 km であるとします．アキレスはスタートして 1/2 時間後に，最初にカメがいた地点 K_1 に到達しますが，そのときカメは $5 = 10/2$ km 前方の地点 K_2 にいます．アキレスは 1/4 時間後に K_2 に到達しますが，そのときカメはすでに 10/4 km 前方の地点 K_3 にいます．このように，アキレスがカメがいたところに着いたとき，カメは常に何がしか前方にいることになります．「従って」アキレスはカメに追いつくことはできない，というのがゼノンの主張です．もちろん私たちの日常の経験では，アキレスはカメに追いつき，追い越します．

　このパラドックスの最も安易な解決策は次の通りです．アキレスがカメのいた地点に到達する時間を次々と加えると，級数

$$\frac{1}{2} + \frac{1}{2^2} + \frac{1}{2^3} + \cdots$$

が得られます．これは等比級数で，よく知られているように 1 に収束します．従って，アキレスがカメに追いつくのに無限の時間がかかることはありません．一方，ゼノンの主張は，1 時間「未満」ではアキレスはカメに追いつくことはできない，というもので，これは間違いなく正しいことです．しかし「だからといって」

1 時間後も追いつけないと結論することはできません．実は，1 時間後のことはこの議論からは何もいえないのです．通常であれば，1 時間後アキレスはカメに追いつきます．速さというのは一定の時間に進む距離のことであり，私たちは，アキレスもカメも（1 時間経った時点でも）一定の速さで走るものと暗黙のうちに仮定しているからです．しかし 1 時間後について別の仮定，例えば，ちょうど 1 時間後カメは突然 1 km 前方にワープしているとしますと，1 時間後もアキレスはカメに追いつきません．いずれにせよ，ゼノンの議論は 1 時間後については何も言っておらず，パラドックスにはなっていないというのが最初の答えです．

しかし，ゼノンがこのような説明に納得するとは思えません．もう少しやっかいな議論についても触れておきましょう．アキレスとカメの競争の観察者がいるとします．観察者は紙を用意しておき，スタートしてから 1/2 時間後に，1 回目という意味で数字の 1 と，かかった時間として数字 1/2 を書き込みます．さらに 1/4 時間後には，2 回目の 2 と，かかった時間 $+1/2^2$ を書き足します．n 回目の時点で紙には

$$1, 2, \cdots, n$$
$$\frac{1}{2} + \frac{1}{2^2} + \cdots + \frac{1}{2^n}$$

と書かれていることになります．有限の大きさの紙にも書けるよう，n 回目に書きこむのにかかる時間は $1/2^n$ 時間で，字体の大きさは最初の回の $1/2^n$ 倍であると仮定しましょう．有限回であれば，このようなことは明らかに可能です．それでは，1 時間後，紙の上にはなにが書かれているでしょうか？　そこにはすべての

自然数が「書き尽くされて」いるでしょうか？ もし，すべての自然数を書き尽くすことが「可能」であるならば，ゼノンのいうように，アキレスは永久にカメに追いつくことはできないでしょう．これは前段で述べた解決策よりずっと深刻に見えます．この問題は無限というものの考え方に関わっています．上のような自然数たちや数列の無限のあり方は第IV話で述べた実無限というとらえ方に他なりません．自然数たちをいわば「一挙に」眺めることになっているからです．このような実無限を認める立場に立てば，1時間後には紙の上には時間の級数が書き尽くされています．比喩的に書けば

$$\frac{1}{2} + \frac{1}{2^2} + \cdots + \frac{1}{2^\infty}$$

としてもよいでしょう．仮にこのような加法が可能で，これが1つの数を定めるとします．それを ω と表わしましょう．明らかに $\omega \leq 1$ です．一方どんな自然数 n に対して

$$\frac{1}{2} + \frac{1}{2^2} + \cdots + \frac{1}{2^n} < \omega$$

です．左辺は1に収束しますから，すぐわかるようにどんな実数 $a < 1$ に対しても $a < \omega \leq 1$ です．従って「実数の連続性」から $\omega = 1$ となります．これは1時間が「真に」無限個の数の和であり，1時間後というのは「真に」無限回のステップを経ないと到達できないことを意味します．これを認めれば，ゼノンのいう通りアキレスは1時間後もカメに追いつきません．

　数学の標準的な考え方では

$$\omega = \frac{1}{2} + \frac{1}{2^2} + \cdots + \frac{1}{2^\infty}$$

のような量は「存在しない」と考えます．従ってゼノンの議論は成立しません．これが数学の観点からみたパラドックスの解消法です．1時間後にアキレスがカメに追いつくというのは，アキレスとカメの速さから結論されるのですが，速さの定義などは，「普通の」実数の概念に基づいており，実無限のようなものを紛れ込ませるとパラドックスが生じるのです．

先ほどの議論では，どんな実数 $a < 1$ に対しても $a < \omega \leq 1$ をみたすような「数」を考えました．これが実数であれば，$\omega = 1$ です．この事実と ω が真の無限和であることが，ゼノンのパラドックスだったのです．しかし，$\omega \neq 1$ であるようなある種の「非実数」ω を考えることは可能なのです．非標準的解析 (Non-standard Analysis) という概念があります．通常の実数概念とは異なるのですが，非標準的解析ではどんな実数より大きな「数」，あるいはどんな正の実数より小さな正の「数」，つまり無限大や無限小というものが存在すると考えます．このような「数」をどのように考えればよいのか，例を述べましょう．実数を係数とする分数式を考えます．例えば $\dfrac{-1}{x-2}$ あるいは $\dfrac{x^2 - 3x + 2}{x+5}$ などです．分数式の分母，分子は多項式ですが，多項式は高々有限個の x の値で 0 になります．上の後の例でいえば，分子は $x = 1, 2$ で 0 となり，分母は $x = -5$ で 0 となります．従って恒等的に 0 ではない分数式 $f(x)$ を実数上の関数と考えれば，十分大きな x に対しその値の符号は一定になります．その符号が正または負のとき，分数式 $f(x)$ はそれぞれ正または負であるといい，$f(x) > 0$ または $f(x) < 0$ と表わすことにします．上の2

つの例でいえば，前の分数式は負であり，後の分数式は正になります．この正負から，分数式の間の大小関係が定まり，実数の大小関係と同じ性質をみたすことも簡単に確かめられます．実数自身は定数の関数と考えます．このとき $f(x)=x$ はどんな実数より大になります．実際 a を実数とすると，関数 $x-a$ は明らかに正だからです．同様に関数 $1/x$ は正であり，かつどんな正の実数 a に対しても関数 $a-1/x$ は正ですから，$1/x$ は a よりも小さくなります．もちろん $1/x$ は「数」ではありませんが，このような考えを利用して，無限大や無限小を含む「数」の概念を作ることができます．私たちが第Ⅳ話で通常の直線や実数を考えたとき，アルキメデスの公理が成り立つものとしましたが，その場合は，無限大や無限小は存在することはありませんでした．非標準的解析とは，無限大や無限小を含む「数」の体系をもとに展開される数学の理論なのです．

2 │ 論理に関わるパラドックス

その他有名なパラドックスをいくつか取り上げて検討してみましょう．

最初は，男の住民は毎朝ひげを剃ることが義務付けられている島の話です．島には男性の散髪屋が1人いて，自分でひげを剃れない人のひげだけを剃ることになっています．さてこの散髪屋は自分のひげを剃れるでしょうか？

もし，散髪屋が自分のひげを剃れるなら，ルールより自分のひ

げを剃ることはできません．逆に自分のひげを剃ることができないなら，やはりルールより自分のひげを剃らなければなりません．散髪屋はどうすればよいでしょうか？

このパラドックスは見かけだけで，実際はパラドックスなどではありません．島の男の住民の集合を X，自分でひげを剃れない人の集合を A，自分でひげを剃れる人の集合を B とします．もちろん共通部分 $A \cap B$ はありません．さて散髪屋は A, B のどちらに属するでしょうか？ A に属するなら自分でひげを剃れませんから，規則から散髪屋は B に属することになり矛盾です．同様に B に属すると仮定すると，A に属することになり矛盾です．しかし，このような矛盾が起きるのは，条件をみたすような散髪屋が「存在する」と仮定したからです．つまり，もともとパラドックスではなく，単に条件をみたすような散髪屋は存在しないといっているのです．

パラドックスのよくあるタイプとして，ある主張 A から出発すると知らぬ間に A の否定 $\neg A$ が導かれ，逆もいえるというものがあります．もともと A ならば A，あるいは $\neg A$ ならば $\neg A$ であることは常に成り立ちますから，A または $\neg A$ が成り立つとすると，A と $\neg A$ がともに成り立つことがいえ矛盾になります．このとき2つの場合が考えられます．主張 A に対し，排中律が成り立つ場合と，そうでない場合です．排中律が成り立つ場合は，A または $\neg A$ が成り立つので，上に述べたように A と $\neg A$ がともに成り立ち矛盾が起きてしまいます．一方，排中律が成り立つと考えなくともよければ，A でも $\neg A$ でもない第3の可能性もあるので，上のような結論からなにか困ったことが出て

くるわけではありません．前話でも述べたように，ある主張に対し排中律が成り立つかどうかは，微妙な問題であることが多いので，パラドックスをどう解釈するかは結局この問題に関わっているのです．

次の例を考えましょう．2 枚の紙があって

紙 A には「紙 B に書いてあることは真である」

紙 B には「紙 A に書いてあることは偽である」

と書いてあるとしましょう．

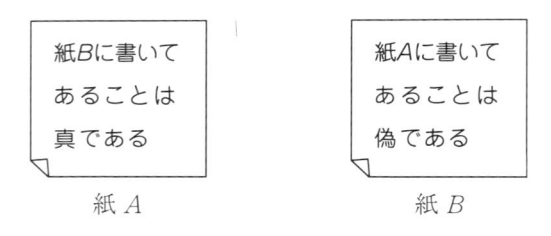

紙Bに書いてあることは真である	紙Aに書いてあることは偽である
紙 A	紙 B

「紙 A に書いてあることは真である」という主張を P と表わします．P が真であるかどうかを確かめるには，紙 A を見なければなりませんが，紙 A を見ると「紙 B に書いてあることは真である」ことがわかります．そこで紙 B を見ると，「紙 A に書いてあることは偽である」，つまり P の否定が成り立つことになります．結局，P ならば $\neg P$ であることがいえます．逆に $\neg P$，つまり「紙 A に書いてあることは偽である」としますと，紙 A の内容から「紙 B に書いてあることは偽である」ことになります．そこでやはり紙 B の内容から「紙 A に書いてあることは真である」，つまり P が成り立つことになります．結局 $\neg P$ ならば P であることになります．

第X話 パラドックスいろいろとゲーデルの不完全性定理

　さて，この主張 P について排中律は成り立つでしょうか？つまり P または $\neg P$ のいずれかは成り立つでしょうか？　P が成り立つかどうかを確かめようとすれば，「紙 A に書いてあることは真である」かどうか，つまり「紙 B に書いてあることは真である」かどうかを確かめなければなりません．ところがこれは「紙 A に書いてあることは偽である」こと，つまり $\neg P$ が成り立つことを確かめるしかなく，逆もそうなります．結局

$$P \Leftarrow \neg P \Leftarrow P \Leftarrow \cdots$$

となり，P または $\neg P$ のいずれが成り立つかどうかはいわばどうどう巡りのようなものです．いずれにせよ，P または $\neg P$ のいずれかが成り立つというような主張は，ほとんど無意味でしょう．

　この例のより典型的なものは，いわゆる自己言及文です．最も簡単なものは

　「この紙に書いてあることは嘘である」

です．この場合，この紙に書いてあること，というのを P と表わすことにします．この紙に書いてあること，というのは「この紙に書いてあることは嘘である」ですから，P と「P は嘘である」が同じであることになります．つまり，P は P 自身についてなにか言及しているのです．これがどのようにパラドックスを引き起こすかは，紙 A, B の場合と同じです．しかし，これがパラドックスであったり，矛盾にみちたものであっても，「それがどうした」といわれるとそれまでかもしれません．もともと，「私は嘘つきである」などは日常よくいわれることです．それが矛盾を含むからといって，日常言語全体がおかしくなるわけではあり

ません．しかしパラドックスを論理的ゲームとして楽しむなら別ですが，数学や論理学で，あやふやな言葉の使い方によってとんでもない結論が出てくるのでは困ります．上のようなパラドックスを契機にして，数理論理学といった分野が起こり，危なそうな自己言及文を使わないよう，いろいろな型の文を階層付けるなどの言語規則が考えられています．

また，背理法の所で述べたように，矛盾というのはなにか起きてはいけないもののように思ってしまいます．しかし，矛盾したことを考えることは自由です．例を考えましょう．自然数の理論では，6 は偶数である，とか $1 \neq 2$ であるというのは正しい主張です．これらは，第Ⅰ話の自然数の公理たちから証明されます．ここで，$1 = 2$ という主張を新たな公理として加えた「理論」を考えましょう．もちろんこの理論は矛盾を含んでおり，このような理論を考えることは無益なのですが，考えること自体は禁じられているわけではありません．しかし，矛盾を含んでいるとはいえ，このような例は普通パラドックスとはいいません．それは，矛盾が生じる理由が明白であり，矛盾を除く方法が明らかだからです．本当のパラドックスの場合は，矛盾，あるいは矛盾らしきものが起きる理由がなかなかわかりません．これがパラドックスが面白い理由でもあるのですが，数学に関わるような場合は，パラドックスが起きる「仕組み」は解明しておかないと困るのです．

3 | 集合にまつわるパラドックス

 最後の例は,集合論の歴史において現われた深刻なパラドックスで,ゲーデルの不完全性定理などにつながる数学基礎論の発端となったイギリスの哲学者ラッセルのパラドックスです.

 まず集合の定義から始めましょう.集合とは,いくつかの(有限,無限を問わず)ものの集まりなのですが,勝手なものを考えたときそれがその集合に属しているか,いないかが「判定」できるものです.例えば,1 から 100 までの自然数たちは集合ですが,十分大きな自然数たちというのは集合にはなりません.あるもの a が集合 X の要素であるとき $a \in X$,また要素でないとき $a \notin X$ という記号を用います.

 さて,集合 X は X 自身が X の要素となっているとき,自己言及型の集合と呼び,そうでないときは非自己言及型の集合であると呼びます.自己言及型の集合は考えにくいのですが次のような例があります.

「30 字以内のかな,漢字,数字で定義できるような集合たちの集合」

を P とします.「1 から 5 までの自然数の集合」は 13 字で定義されているので,P の要素です.ところが P 自身も 30 字以内のかな,漢字,数字で定義されていますから,P は P の要素になります.

 さて,すべての非自己言及型の集合を要素とする集合を S とします.記号で表わすと

$$S = \{\text{集合}\, P\,;\, P \notin P\}$$

になります.つまり

$$P \in S \iff P \notin P \quad \text{および} \quad P \notin S \iff P \in P$$

です.それでは S はどちらの型の集合でしょうか？ S が自己言及型の集合であるとすると,S 自身は S の要素だから非自己言及型の集合です.これは上で $P = S$ の場合を見ると

$$S \in S \iff S \notin S$$

から見てとれます.また,S が非自己言及型の集合であれば,S 自身は自己言及型でなければならないことも同じです.つまり,S は自己言及型と仮定すると非自己言及型であると結論され,非自己言及型と仮定すると自己言及型であると結論されます.これは,前段のパラドックスと同じく,ある主張からその否定が導かれ,逆も成り立つ形をしています.このパラドックスも,散髪屋の例のように,S のような集合は「存在しない」で済ませればよいのですが,S に含まれる集合 P はいくらでもあり,S が存在しないというわけにはいきません.

上の事柄を注意して吟味しますと,S は「集合である」として議論を進めています.最初に述べた集合の定義によれば,勝手な集合 X について X が S に属するかどうかは判定できなければなりません,つまり属しているか,いないかのいずれかであり,どちらかとは決まらないということはないのです.ところが上の議論では,S 自身が S に属するか属さないかを判定することはできません.つまり S は集合と認められないのです.つまり,パラドックスを回避する方法は,S を集合と認めないことです.

第X話 パラドックスいろいろとゲーデルの不完全性定理　219

　集合論において，矛盾が生じれば数学全体の基礎が危ういものになります．矛盾を回避する一つの方法は，どのようなものを集合と考えるかの基準を明確にすることです．そのような試みとして，自然数の集合から始め，集合の積やベキ集合（部分集合たちの集合）などの安全と思われる集合たちと，そのような集合の取り扱いマニュアルというべき公理をもとに集合を考える公理的集合論，例えば，ツェルメロ‐フランケルの集合論などが考え出されたのです．ツェルメロ‐フランケルの集合論は，上に述べたような矛盾やパラドックスの発生を避けると同時に，現代でも集合を用いて数学を記述する標準的方法になっています．

4 | ゲーデルの不完全性定理

　数学の問題は，不適切な問題でない限り解答があると考えられています．不適切な問題とは，例えば「三角形の内角の和は何メートルか」というようなものです．また，問題として立てることができるといっても，連立方程式

$$x - 2y = -1, \quad -2x + 4y = 3$$

のように解が存在しない場合（第VI話2節）もあります．しかしこの場合は（頭が悪くて）問題を解くことができないのではなく，解の非存在が証明できるという意味で，立派な解答があります．数学の問題には，入試問題のように（受験生にはわからなくとも）解がわかっている問題もありますが，古来からの未解決問題と呼ばれるものも多くあります．例えば

「6 以上の偶数は 2 つの素数の和に表わされる」

というゴールドバッハの予想もあれば，双子素数（n と $n+2$ がともに素数となるもの）が無数に存在するかという問題もあります．一方，フェルマーの予想（大定理あるいは最終定理ともいいます）

「n が 3 以上の自然数のとき，$x^n + y^n = z^n$ をみたす自然数の解は存在しない」

は 1994 年にイギリスの数学者ワイルズによって証明されました．また，19 世紀中には，ギリシャ以来の定規とコンパスによる作図問題，つまり，角の 3 等分，体積が 2 の立方体，面積が 1 の円の作図がすべて不可能であることが「証明」されました．さらに，アーベルとガロアによって，5 次以上の代数方程式の一般的な解の公式は存在しないことも「証明」されました．これらは，問題が肯定的に解かれたわけではないのですが，問題が完全に解決したことには変わりはありません．

このようなことを踏まえ，ヒルベルトは数学のどんな問題も，肯定的であれ否定的であれ解決可能であるという信念を述べ，それを確かめるため，ヒルベルトプログラムというものを発表しました．それは，数学の各理論を公理的方法で形式化をし，そのような公理的体系について，無矛盾であること，および完全であることを示すという計画でした．無矛盾であるというのは，体系で述べられるどんな主張 A についても，A とその否定 $\neg A$ がともに証明されることがないことを意味します．また，完全であるとは，どんな主張 A についても，A または $\neg A$ のいずれかが証明できることをいいます．ここで，「証明」という言葉は厳密に定

められた意味で用いられます.例えば,ユークリッド幾何で,任意の異なる2点に対し,その2点を通る直線が存在する,という文は,論理記号や(必要なら記号化された)基本的用語を並べた記号の列で表わすことができます.例えば

$$\forall P, \forall Q, ; [\exists l, ; [P \in l, Q \in l]]$$

のようにです.ただし大文字は点,小文字は直線を表わすとし,$P \in l$ は点が直線を通ることを意味します.また,$\forall$ や $\exists$ は前話で触れた論理記号です.もちろんただ単に並べただけでは無意味なものも現われますから,適切な文を作るためのルールがあります.このような文は命題とも呼ばれます.また,このような文たちを,論理規則に従って並べていくことができます.またいくつかの基本的な文が「公理」として指定されます.このとき,規則に従って並べられた文の列で,最初のいくつかが公理であるとき,最後の文(命題)は「証明」されたというのです.このとき,どんな命題 A についても,A または $\neg A$ のいずれかが証明できる,ということと,

「A が証明できるか,できないかのいずれかである」

こととは異なることに注意しなければなりません.後者は排中律から常に成り立つことですが,すぐ後で述べるように,A または $\neg A$ のいずれも証明できない命題があるのです.

ここで,ユークリッド幾何の平行線公理の問題(第Ⅷ話2節参照)を思い出しましょう.平面上の直線 l と,その直線上にない1点 P に対し,P を通り l に平行な直線はただ1つである,というのが平行線公理でした.ユークリッドの原論において,これ

が公理であるというのは，これが「明らかに」正しく，しかも他の公理からは証明できないとされたからです．しかし，P を通り l に平行な直線が存在することは，他の公理から証明できるので，平行線の一意性，つまり平行線公理も証明可能ではないか，というのが永年の問題でした．これが，デカルトの解析幾何や，ロバチェフスキーの双曲線幾何というモデルの存在によって，証明も反証（公理の否定を証明すること）もできないことが示されたのです．このことは，平行線公理が他の公理から独立であるといわれますが，ユークリッド幾何から，平行線公理を除いた公理系が不完全であるといってもよいわけです．ヒルベルトの趣旨からすると，不完全性というのは否定的意味合いが強いのですが，多くの数学者はユークリッド幾何，正確にはそこから平行線公理を除いた理論が「不出来」なものとは考えません．逆に，そこからユークリッド幾何や非ユークリッド幾何，あるいは射影幾何などの多くの理論を産み出す豊かなものと考えるのです．

　数学の理論と，将棋のようなゲームは似たところがあります．将棋では，将棋盤や駒のような対象があり，駒の動かし方のようなルールがあります．このルールが数学の理論の公理にあたります．駒を動かしていき，相手の王将を詰ませれば勝ちなのですが，このとき詰ませていく手順が，数学での証明にあたるでしょう．将棋では，どちらかが勝つ以外に，引き分け，あるいは無勝負でゲームが終わることがあります．1回のゲームは，こちらが勝ったときは「証明」されて終わり，相手が勝った場合は「反証」されて終わったと考えましょう．このとき，引き分け，あるいは無勝負が存在するということは，このゲームのルールが「完全」

ではないことを意味します.将棋では,千日手という同じ局面が何度も繰り返し現われる場合に無勝負とする約束があります.このような無勝負をなくすには,同じ局面が何度か現われたとき,例えば先手番は異なる手を指さなければならないという,「新しい」ルール(公理)を加えればよいのです.それでも別の種類の無勝負が現われるなら,また禁止ルールを作ればよいでしょう.将棋の場合はよくわかりませんが,簡単なゲームであれば,引き分けが起こらず,必ず勝敗が決まるようなルールを作ることは難しくないと思われます.

さて,ある理論で証明も反証もできない主張が見つかったとしましょう.このとき,そのような主張 A あるいはその否定 $\neg A$ のいずれかを公理に付けくわえれば,さしあたり不完全性は消えます.しかし,オーストリアの論理学者ゲーデルが示したことは,このような試みが無駄であるというものだったのです.ゲーデルの不完全性定理は前提となる条件などを忘れて,ざっといいますと次のようになります.

「自然数論を含み,かつ無矛盾な公理体系は不完全である.」
ただし,これは第 1 不完全性定理と呼ばれるものであって,別に公理体系の無矛盾性の証明に関わる第 2 不完全性定理もあります.

ゲーデルの定理の証明は難解です.中途半端な解説はしないで,ここでは要となるアイデアだけを紹介しましょう.まず,考えている公理体系において

$$G \Leftrightarrow \text{「}G\text{ は証明できない」}$$

が成り立つような命題(普通ゲーデル文と呼ばれます) G が構

成できることが示されます．このようなゲーデル文は，「この紙に書かれていることは嘘である」という自己言及文と同じ構造をしています．実際，この紙に書かれていることを A と表わすと，$A=$「A は嘘である」だからです．日常言語では，自己言及文を作るのは容易です．しかし，公理体系の場合は意味のある文や，許される文の列を作るのにさまざまな規則があり，ゲーデル文の存在を示すためには，すべての命題にゲーデル数というコードナンバーを付けたり，対角線論法のアナロジーを用いるなどの天才的アイデアが必要になります．ここはゲーデル文があるということを認めて進んでいってください．

さて，「この紙に書かれていることは嘘である」という自己言及文から簡単にパラドックスが生じたように，ゲーデル文 G があれば不完全性がすぐ示されるかというと，話はそれほど簡単ではありません．ゲーデルの不完全性定理の解説書などには，不完全性定理として，

「自然数論を含み，かつ無矛盾な公理体系には，正しいが証明のできない命題が存在する」

という形で述べられていることがあります．これは弱い形の不完全性定理というべきものであって，ゲーデル文の存在から直ちに示すことができます．ただし，命題が「正しい」，あるいは「真」であるとは，正確にはどういうことなのかをみておかなければなりません．ゲーデルの証明では，公理体系は完全に記号化され，命題や証明などはすべて無味乾燥な記号の列（各記号も自然数でコード化されていれば単なる自然数の列）で表わされます．しかし，形式的な公理体系も，自然数論やユークリッド幾何のような

実体のある理論から形式化される場合もあります．このような場合，記号の列で表わされる命題は，もとの理論でみたとき，「内容的に正しい」かどうかが意味をもちます．このとき，命題が「内容的に正しい」ことと，「証明可能である」ということの関係が問題となります．私たちは「証明可能な」命題は「正しい」と考えます．例えば，自然数論で「6は偶数である」が正しいのは，それが証明できるからです．通常の理論はこれが成り立っていると考えますが，理論のこのような性質を「健全性」と呼んでおきましょう．

さて，ゲーデル文の存在から，弱い形の不完全性定理が成り立つことを背理法で示します．つまり，正しい命題は常に証明可能であると仮定します．従って上に述べた健全性から，命題は正しいことと，証明できることが同値となります．ところが，ゲーデル文 G について

$$G \Leftrightarrow 「G は証明できない」 \Leftrightarrow 「G は正しくない」$$

が成り立ちますが，最初と最後は両立せず矛盾になります．

弱い形の不完全性定理も，ある意味で理論の不完全さを表わしています．しかし改めて，「正しい」とはなにか，また，証明すること以外に正しい命題を判定する方法はあるのか，という疑問が残ります．次のようなことを考えましょう．ある公理体系で，すべての命題に白色か黒色のどちらかのラベルを付けます．つまりすべての命題は白いか黒いかのいずれかです．ただし，証明できる命題には白いラベルを付け，命題とその否定命題には異なる色のラベルを付けるとします．このようなラベルが付けられることは，「例えば」正しい命題に白いラベルを付ければよいことから

わかりますが，それが「ただ1つの」ラベルの付け方であるかどうかはわからないことに注意しましょう．また，明らかに白くてかつ黒い命題がないことや，すべての命題は白いか黒いのいずれかであることがいえます．つまり白いか黒いかということは，矛盾律や排中律と同じ性質をみたしています．

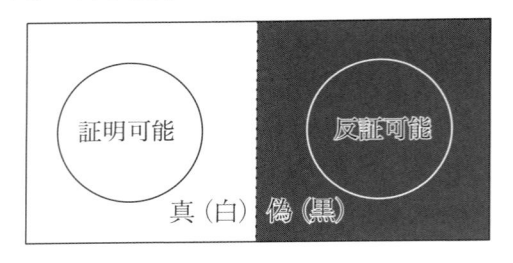

真（白）偽（黒）

弱い完全性定理の証明を見ますと，命題に上のようなラベル付けができるなら，それが何であっても「白い命題であって証明ができない命題が存在する」ということを示すことができます．つまり，「正しい」ということの「意味」は上の議論に無関係なのです．

それでは，ゲーデルによる第1不完全性定理の証明のポイントを述べます．まず大前提として公理体系の健全性を仮定します．そこでゲーデル文 G が証明可能であると仮定します．このとき「健全性」から G は正しいことがいえます．従って「G が証明できない」がいえるので矛盾ですから，G は証明できないことになります．つまり

「G が証明可能」 $\Rightarrow$ 「G は正しい」 $\Rightarrow$ 「G は証明不能」

となります．同じことを G の否定 $\neg G$ に適用すれば，やはり

¬G も証明できないことがわかります．つまり G も ¬G も証明できないことになります．しかしこの議論で，健全性という仮定をはずすことは簡単ではありません．ゲーデル文は

　　$G \Leftrightarrow$「G は証明できない」

でしたから，G が証明可能であるとは

　「「G が証明できないこと」が証明可能である」

ことになります．しかし結局のところ，「「G が証明できないこと」が証明可能である」ことが「G が証明できないこと」と同じかどうかは，やはり健全性を用いないとわからないのです．

　ゲーデルが目指したのは，証明も反証もできない命題の存在を，完全に形式化した体系内での議論で示すことでした．そのような場合，理論の内容に関わる健全性という概念を用いることはできません．ゲーデルによる証明のこの最後の段階も高度に抽象的で，ここで紹介することができないのが残念です．

　最後に，不完全性定理の意味や，数学および数学以外の諸分野に与えた影響について触れておきましょう．哲学などの数学以外の分野の人々にとっては，これまで過つことのなかった数学の破たんであり，人間の知的能力の限界を示すものと受け取られることが多かったようです．一方，数学では不完全性定理を契機に，直接関係の深い数学基礎論という新しい分野が始まり，例えば連続性仮説の独立性や，実数論の無矛盾性のある種の証明などの成果を得たり，また，コンピュータの基礎となる計算理論の発展にもつながっています．しかし，数学全体としてみるとやや不思議な受け止め方をしているように見えます．不完全性定理は 1931 年に公表されたのですが，20 世紀初頭ころから，ヒルベルトによ

る公理主義的数学というパラダイムにより，群論や環論などの代数系理論，位相空間論，確率論などの現代数学の諸理論が次々と発展してきました．ほとんどの数学者は，新理論の建設に没頭しており，不完全性定理など顧みることはなかったのです．また，このような現代数学の諸理論では，不完全性定理による「綻び」の徴候などまったくといってよいほどなかったのです．つまり，不完全性定理というのは，数学者が普通に行っている数学から見ると，「辺境」のできごとなのです．しかし，数学に解決不可能な問いはない，というヒルベルトの信念はもはやもつことはできなくなりました．チョムスキーという有名な言語学者は，

　「簡単な迷路を通り抜けられるサルにとっても，素数の概念を用いる迷路はミステリーでしかない」

といって，どのようなレベルの知的能力にもおのずと限界があることを指摘しています．人間の知的能力も万能ではなく，数学，あるいは自然科学のような知的領域の最先端あるいは辺境に「ミステリー」は常に存在すると考えるのが平明な態度かもしれません．

付録 A│*Appendix A*

数列の極限と微分

1 │ 数列の収束

　実数を有理数の切断によって定義することにより，数列の収束について有用な定理が得られる．まず一般に，実数の集合 S が与えられたとする．ある実数 M があって，すべての $a \in S$ について $a \leq M$ が成り立つとき，S は上に有界であるといい，M は S の上界であるという．このとき実数 g が 2 つの条件

(1) すべての $a \in S$ について $a \leq g$
(2) どんな実数 $t < g$ に対しても，$t < a$ をみたす $a \in S$ が存在する

をみたすとき，g を S の上限であるという．これは g が S の上界たちの最小元であることと同値である．例えば，S として $a^2 < 2$ となる有理数 a の集合とする．このとき S の上限は $\sqrt{2}$ である．下に有界，あるいは下限についても同様に定義する．さて，S の中に最大元があれば，もちろんそれは上限である．一般に S が上に有界であっても最大元があるとは限らない．しかし次の定理が成り立つ．

定理 A1　S が上，あるいは下に有界であれば，それぞれ上限，あるいは下限が存在する．

証明　上に有界の場合を示そう．下に有界の場合も同様である．すべての $a \in S$ に対し $a \leq p$ となる有理数 p の集合を Y とする．S が上に有界だから Y は空ではなく，また明らかに有理数全体でもない．有理数の集合の中で，Y の補集合を X とする．容易にわかるように，有理数 q が X に属するための条件は，$q < a$ となるような S の元 a があることである．このとき (X, Y) は有理数の切断である．$q < a, a \in S$ のとき，実数の稠密性（第IV話3節参照）より，$q < q' < a$ となる有理数 q' が存在するので X に最大元はない．そこで，この切断が定める実数を α とすると，これが S の上限である．実際，$a \in S$ に対し $\alpha < a$ と仮定すると，実数の稠密性から $\alpha < q < a$ となる有理数 q が存在するが，$q \in X$ だから α の定義に反する．従って (1) が成り立つ．また，どんな実数 $t < \alpha$ に対しても，$t < q < \alpha$ となる有理数 q が存在するが，切断の意味から $q \in X$ であり，従って $q < a$ となる $a \in S$ が存在し，(2) が成り立つ．　□

　実数の 2 つの集合 S, S' が $S \subset S'$ をみたし，S' が上に有界であれば，S の上限は S' の上限以下であることに注意しておく．

　次に数列の収束について，最も簡単でしかも有用な定理を述べる．

定理 A2　上に有界かつ単調増加する数列，および下に有界かつ単調減少する数列はある実数に収束する．

証明 数列 $\{a_n\}$ が上に有界で単調増加の場合を示そう．もう1つの場合も同様である．a_n の集合を S とすると，前の定理から上限 α が存在する．このとき $\{a_n\}$ は α に収束する．実際 $\alpha \geq a_n$ は明らかであるから，もし $\{a_n\}$ が α に収束しないとすると，ある正数 ϵ があって，すべての n に対し $\alpha - a_n \geq \epsilon$ が成り立つ．$t = \alpha - \epsilon$ とすると，$t \geq a_n$ であるから，α が上限であることに反する． □

最後により一般に数列が収束するための必要十分を与えよう．これはコーシーの収束判定条件と呼ばれる．数列 $\{p_n\}$ は次の条件をみたすとき，基本列であるという．

「どんな正の数 ϵ に対しても，自然数 N があって，$n \geq N, m \geq N$ となるすべての自然数 n, m に対し，$|p_n - p_m| < \epsilon$ が成り立つ．」

定理 A3 数列 $\{p_n\}$ が収束するための必要十分条件は，$\{p_n\}$ が基本列であることである．

証明 まず，数列 $\{p_n\}$ がある実数 p に収束するとする．このとき定義から，どんな正の数 ϵ' に対し，自然数 N があって，$n \geq N$ となるすべての自然数 n に対し，$|p - p_n| < \epsilon'$ が成り立つ．このとき正の数 ϵ に対し，$\epsilon' = \epsilon/2$ とすると，$n \geq N, m \geq N$ となるすべての自然数 n, m に対し

$$\begin{aligned}|p_n - p_m| &= |(p - p_m) - (p - p_n)| \\ &\leq |p - p_m| + |p - p_n| < \epsilon/2 + \epsilon/2 = \epsilon\end{aligned}$$

であるから，$\{p_n\}$ は基本列である．

逆に，$\{p_n\}$ は基本列であるとする．このとき，自然数 k に対し，集合 $S_k = \{p_k, p_{k+1}, \cdots\}$ を考えよう．まず S_k が上にも下にも有界であることを示そう．正の数 ϵ に対し，定義より自然数 N があって，$n \geq N, m \geq N$ となるすべての自然数 n, m に対し，$|p_n - p_m| < \epsilon$ が成り立つ．$N \leq k$ であれば，どんな自然数 $i \geq k$ に対しても，$|p_N - p_i| < \epsilon$ が成り立ち，

$$p_N - \epsilon < p_i < p_N + \epsilon$$

だから S_k は上にも下にも有界である．$N > k$ のときも，有限個の p_i を除けば同じことがいえる．S_k の上限，下限をそれぞれ a_k, b_k とする．$S_1 \supset S_2 \supset \cdots$ だから，容易にわかるように

$$b_1 \leq b_2 \leq \cdots \leq b_i \leq \cdots \leq a_j \leq \cdots \leq a_2 \leq a_1$$

である．つまり数列 $\{a_i\}$ は下に有界かつ単調減少，$\{b_i\}$ は上に有界かつ単調増加である．従って前の定理よりこれらの数列は収束する．その極限をそれぞれ a, b とする．このとき $a = b$ であって，もとの数列 $\{p_n\}$ が a に収束することを示そう．

まず，正の数 ϵ に対し，基本列の定義の自然数 N をとって S_N を考える．このとき，

$$p_N - \epsilon < p_i < p_N + \epsilon, \quad p_i \in S_N$$

だから，S_N の上限 a_N，下限 b_N について

$$a_N \leq p_N + \epsilon, \quad p_N - \epsilon \leq b_N$$

である．従って $a_N - b_N \leq 2\epsilon$ が成り立ち，$a = b$ が成り立つ．また，$N \leq i$ のとき

$$|a - p_i| \leq 2\epsilon$$

だから数列 $\{p_n\}$ は a に収束する. □

2 連続的変数に関する極限値

この付録では,指数関数や三角関数の微分を求める.そのためには,いくつかの数列や関数の極限値が必要である.まず,収束や極限の基本的な性質を述べておく.極限には数列 $\{a_n\}$ 以外にも,連続的な変数に関するもの,つまり実数 x が a に近づくときの,関数 $f(x)$ の収束や極限もある.この場合,関数 $f(x)$ は a の周り(正確には a を含むある開区間)で定義されているものである.$x \to a$ のとき,関数 $f(x)$ が実数 u に収束することを,ϵ-δ 論法で定義しておこう.

「どんな正の数 ϵ に対しても,正の数 δ があって $|a-x|<\delta$ のとき $|u-f(x)|<\epsilon$ となる.」

記号としては $\lim_{x \to a} f(x) = u$ と表わす.このとき,$a-x$ の正負は問うていないから,x が a に右側,あるいは左側から近づくとき同じ数に収束しなければならない.しかし,$x<a$ あるいは $a<x$ という条件をつけて収束を考えることもできる.その場合の極限値を左極限,あるいは右極限という.左極限と右極限は一致するとは限らない(一方が収束しないこともある)が,一致する場合は上の定義の極限になる.また,関数 $f(x)$ が a で連続であるとは,$x \to a$ のとき $\lim_{x \to a} f(x) = f(a)$ となることである.これを ϵ-δ 論法でいえば次のようになる.

「どんな正の数 ϵ に対しても,正の数 δ があって $|a-x|<\delta$

のとき $|f(a) - f(x)| < \epsilon$ となる.」

　数列の極限と，連続的変数に関する極限は多くの性質を共有している．それらを連続的変数に関する極限の場合で述べる．数列の場合も同じことが成り立つ．証明は定義に従えばそれほど難しくはない．

　1. $f(x), g(x)$ は a の周りで定義され，$x \to a$ のときそれぞれ u, v に収束するとする．つまり $\lim_{x \to a} f(x) = u, \lim_{x \to a} g(x) = v$ である．このとき次の関数も収束し，その極限について

$$\lim_{x \to a}(f(x) + g(x)) = \lim_{x \to a} f(x) + \lim_{x \to a} g(x)$$
$$\lim_{x \to a}(f(x) \cdot g(x)) = \lim_{x \to a} f(x) \cdot \lim_{x \to a} g(x)$$
$$\lim_{x \to a} \frac{f(x)}{g(x)} = \frac{\lim_{x \to a} f(x)}{\lim_{x \to a} g(x)}$$

が成り立つ．ただし最後の式では，考えている定義域で $g(x) \neq 0$ および $\lim_{x \to a} g(x) \neq 0$ を仮定する．

　2. 3つの関数 $f(x), g(x), h(x)$ は a の周りで定義され，定義域のすべての点で $f(x) \leq g(x) \leq h(x)$ をみたすとする．$x \to a$ のとき $f(x), h(x)$ は同じ値 u に収束すると仮定する．このとき $g(x)$ も同じ値 u に収束する．これははさみうちの原理と呼ばれる．

　3. $f(x)$ は a の周りで定義され，$x \to a$ のとき u に収束するとする．$g(x)$ は u の周りで定義され，u で連続であるとする．このとき，合成関数 $(g \circ f)(x) = g(f(x))$ は $x \to a$ のとき $g(u)$

に収束する．つまり

$$\lim_{x \to a} g(f(x)) = g(\lim_{x \to a} f(x)) = g(u)$$

である．

4. 定理 A2 で，単調かつ有界な数列は収束することを示したが，同じことは連続的変数の場合も成り立つ．

高校でも証明なしに用いられる中間値の定理の証明を与えておこう．中間値の定理とは，簡単な場合で述べると次の通りである．

定理 A4 関数 $y = f(x)$ は $[0, 1]$ 区間を含む開区間で定義され，$[0, 1]$ 区間内のすべての点で連続であるとする．いま，$f(0) < 0, f(1) > 0$ が成り立つとすると，$[0, 1]$ 区間内の適当な点 p において $f(p) = 0$ となる．

証明 まず $[0, 1]$ 区間を 10 等分し，等分点での値

$$f(0), \ f(0.1), \ \cdots, \ f(0.9), \ f(1)$$

を考える．これらの値の中に 0 があれば証明は終わりだから，0 にはならないとしてよい．このとき明らかに 0 から 9 までのある自然数 k_1 があって，$f(0.k_1) < 0, f(0.k_1 + 0.1) > 0$ となる．同じ議論を小区間 $[0.k_1, 0.k_1 + 0.1]$ について行うと，$f(0.k_1 k_2) < 0, f(0.k_1 k_2 + 0.01) > 0$ となる自然数 k_2 がとれる．これを繰り返し小区間 $[0.k_1 k_2 \cdots k_n, 0.k_1 k_2 \cdots k_n + 10^{-n}]$ で，その左端，右端をそれぞれ a_n, b_n とすると $f(a_n) < 0, f(b_n) > 0$ となるものがとれる．数列 $\{a_n\}$ は無限小数 $0.k_1 k_2 \cdots$，つまり

ある実数 p を定める.容易にわかるように数列 $\{b_n\}$ も同じ実数 p に収束する.関数 $f(x)$ の連続性から

$$\lim_{n\to\infty} f(a_n) = \lim_{n\to\infty} f(b_n) = f(p)$$

である.一方 $f(a_n) < 0, f(b_n) > 0$ より,極限のよく知られた性質から

$$\lim_{n\to\infty} f(a_n) \leq 0, \quad \lim_{n\to\infty} f(b_n) \geq 0$$

である.これらのことから $f(p) = 0$ であることがわかる. □

3 | ネイピアの定数

m は自然数とする.$m \to \infty$ のとき,数列 $\left\{\left(1 + \dfrac{1}{m}\right)^m\right\}$ は収束する.この極限値を e と表わし,ネイピアの定数という.これを示すには,この数列が単調増加で上に有界であることをいえばよい.まず,2項定理より

$$\left(1 + \frac{1}{m}\right)^m = 1 + 1 + \binom{m}{2}\frac{1}{m^2} + \cdots + \binom{m}{k}\frac{1}{m^k} + \cdots + \frac{1}{m^m}$$

が成り立つ.ただし $\binom{m}{k} = \dfrac{m!}{k!(m-k)!}$ は2項係数である.ここで

$$\binom{m}{k}\frac{1}{m^k} = \frac{1}{k!}\left(1 - \frac{1}{m}\right)\cdots\left(1 - \frac{k-1}{m}\right) < \frac{1}{k!}$$

に注意すると

$$\left(1+\frac{1}{m}\right)^m < 2 + \frac{1}{2!} + \cdots + \frac{1}{k!} + \cdots + \frac{1}{m!}$$
$$< 2 + \frac{1}{2} + \cdots + \frac{1}{2^{k-1}} + \cdots + \frac{1}{2^{m-1}} < 3$$

であるから,数列 $\left\{\left(1+\frac{1}{m}\right)^m\right\}$ は上に有界である.また,上式で m を $m+1$ に代えた式は,最後の項を除いても,対応する各項が大きい.従って,単調増加である.

次に x が正の実数のとき,$\lim_{x\to\infty}\left(1+\frac{1}{x}\right)^x = e$ であることを示す.n を自然数とする.$n \leq x < n+1$ をみたす実数 x に対し

$$\left(1+\frac{1}{n+1}\right)^n < \left(1+\frac{1}{x}\right)^x < \left(1+\frac{1}{n}\right)^{n+1}$$

が成り立つ.つまり

$$\frac{\left(1+\frac{1}{n+1}\right)^{n+1}}{1+\frac{1}{n+1}} < \left(1+\frac{1}{x}\right)^x < \left(1+\frac{1}{n}\right)^n\left(1+\frac{1}{n}\right)$$

である.$n \to \infty$ のとき,$1+\frac{1}{n+1}, 1+\frac{1}{n}$ はともに 1 に収束するから,上式の左辺,右辺はともに e に収束する.従っていわゆるはさみうちの原理により,$x \to \infty$ のとき $\left(1+\frac{1}{x}\right)^x$ も e に収束する.

4 簡単な微分の公式

まず,関数 $y = f(x)$ の微分の定義を思い出そう.$f(x)$ が点 $x = a$ の周りで定義されていて,$h \to 0$ のとき $\dfrac{f(a+h) - f(a)}{h}$ が収束するとき,$f(x)$ は $x = a$ で微分可能であるという.このとき,極限値 $\displaystyle\lim_{h \to 0} \dfrac{f(a+h) - f(a)}{h}$ を a における微分係数といい,$f'(a)$ と表わす.

関数 $y = f(x)$ が開区間 (p, q) のすべての点で微分可能のとき,$f(x)$ は開区間 (p, q) で微分可能であるという.このとき,各点 $a \in (p, q)$ に対し,a における微分係数を対応させる関数が考えられる.これを $f(x)$ の導関数といい,$f'(x)$ と表わす.$x = a$ のときの値,つまり a における微分係数は $f'(x)|_{x=a}$ とも表わされる.

関数 $f(x)$ が $x = a$ で微分可能で,かつ $f(a) \neq 0$ のとき,関数 $\dfrac{1}{f(x)}$ も $x = a$ で微分可能であり,a における微分係数は

$$\lim_{h \to 0} \frac{\dfrac{1}{f(a+h)} - \dfrac{1}{f(a)}}{h} = \lim_{h \to 0} \frac{f(a) - f(a+h)}{f(a)f(a+h)h}$$
$$= \frac{\displaystyle\lim_{h \to 0} \dfrac{f(a) - f(a+h)}{h}}{f(a)^2} = \frac{-f'(a)}{f(a)^2}$$

で与えられる.また,$f(x)$,$g(x)$ がともに $x = a$ で微分可能のとき,積の関数 $f(x)g(x)$ も $x = a$ で微分可能で,a における微

分係数は，次の等式

$$\frac{f(a+h)g(a+h) - f(a)g(a)}{h}$$
$$= \frac{f(a+h)g(a+h) - f(a+h)g(a) + f(a+h)g(a) - f(a)g(a)}{h}$$
$$= \frac{f(a+h)g(a+h) - f(a+h)g(a)}{h} + \frac{f(a+h)g(a) - f(a)g(a)}{h}$$
$$= f(a+h)\frac{g(a+h) - g(a)}{h} + g(a)\frac{f(a+h) - f(a)}{h}$$

の極限から

$$(f(x)g(x))'\Big|_{x=a} = f(a)g'(a) + f'(a)g(a)$$

である．従って，$g(a) \neq 0$ のとき，分数関数 $\dfrac{f(x)}{g(x)}$ の a における微分係数は

$$\left(\frac{f(x)}{g(x)}\right)'\Big|_{x=a} = \frac{f'(a)g(a) - f(a)g'(a)}{g(a)^2}$$

で与えられる．

5 | 指数関数の微分

指数関数 $y = a^x$ の導関数を求めよう．$a = 1$ のときは定数だから導関数は恒等的に 0 である．$a < 1$ のときは，$a^x = \left(\dfrac{1}{a}\right)^{-x} = \dfrac{1}{(a^{-1})^x}$ だから，上の分数関数の場合を適用すれば，$a > 1$ の場合を考えておけばよいことがわかる．そこで，$a > 1$

は定数とする．$h \to 0$ のとき，$\dfrac{a^h - 1}{h}$ は収束し，極限値は $\log_e a$ であることをまず示そう．証明は次のように行う．まず，h が正の値をとりながら 0 に近づく場合を考える．このとき $a^h - 1 > 0$ だから，$t = \dfrac{1}{a^h - 1}$ とおくと，$\lim_{h \to 0} a^h = 1$ だから $h \to 0$ のとき $t \to \infty$ である．$a^h = 1 + \dfrac{1}{t}$ だから $h = \log_a \left(1 + \dfrac{1}{t}\right)$ である．従って

$$\frac{a^h - 1}{h} = \frac{\dfrac{1}{t}}{\log_a \left(1 + \dfrac{1}{t}\right)} = \frac{1}{t \log_a \left(1 + \dfrac{1}{t}\right)} = \frac{1}{\log_a \left(1 + \dfrac{1}{t}\right)^t}$$

ここで前項で示したように $t \to \infty$ のとき $\left(1 + \dfrac{1}{t}\right)^t$ は e に収束し，$\log_a ()$ は連続であるから，上式も収束し，その極限値は $\dfrac{1}{\log_a e} = \log_e a$ である．$h < 0$ のときは，$k = -h$ とおくと

$$\frac{a^h - 1}{h} = \frac{1 - a^{-h}}{a^{-h} h} = \frac{a^k - 1}{k} \cdot \frac{1}{a^k}$$

であり，$\lim \dfrac{1}{a^k} = 1$ だから $h > 0$ の場合に帰着する．

そこで指数関数の微分を求めよう．

定理 A5 指数関数 $y = a^x$ はすべての x において微分可能で，導関数は

$$(a^x)' = (\log_e a) a^x$$

であり，特に $(e^x)' = e^x$ である．

証明 次の式

$$\frac{a^{x+h} - a^x}{h} = \frac{a^x a^h - a^h}{h} = a^x \frac{a^h - 1}{h}$$

に注意すると,上述の結果から上式の左辺はすべての x に対し収束し,

$$\lim_{h \to 0} \frac{a^{x+h} - a^x}{h} = (\log_e a)a^x$$

である.従って $a > 0$ のときは証明終わりである.

$a < 1$ のときは $g(x) = \left(a^{-1}\right)^x$ とすると,上述の結果より

$$g'(x) = \log_e\left(a^{-1}\right)g(x) = -(\log_e a)g(x)$$

である.$a^x = g(-x)$ だから,やはり

$$(a^x)' = -g'(-x) = (\log_e a)g(-x) = (\log_e a)a^x$$

である. □

6 三角関数の微分

三角関数の微分を考えよう.ここで三角関数 $\cos x$ などの変数 x は弧度法で測った角である.まず,次の不等式が成り立つ.$0 \leq x \leq \pi/2$ のとき

$$\sin x \leq x \leq \tan x$$

実際,次頁の図の斜線の部分の面積は左から $\sin x/2$, $x/2$, $\tan x/2$ である.従って明らかに求める不等式が成り立つ.また $0 \geq x \geq -\pi/2$ のときは,$|\sin x| \leq |x| \leq |\tan x|$ だから,$-\sin x \leq -x \leq -\tan x$ であることに注意する.

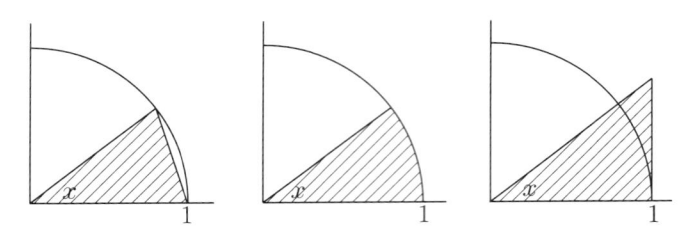

この不等式から，次の極限値が得られる

$$\lim_{x\to 0}\frac{\sin x}{x}=1, \quad \lim_{x\to 0}\frac{1-\cos x}{x}=0$$

証明は，$-\pi/2 \leq x \leq \pi/2$ のとき，上の不等式より $\cos x \leq \dfrac{\sin x}{x} \leq 1$ が成り立つことに注意しよう．従ってはさみうちの原理より $\lim\limits_{x\to 0}\dfrac{\sin x}{x}=1$ である．また，

$$\begin{aligned}\lim_{x\to 0}\frac{1-\cos x}{x} &= \lim_{x\to 0}\frac{(1-\cos x)(1+\cos x)}{x(1+\cos x)} \\ &= \lim_{x\to 0}\frac{\sin^2 x}{x(1+\cos x)} = \lim_{x\to 0}\frac{\sin x}{x}\frac{\sin x}{1+\cos x}=0\end{aligned}$$

である．

定理 **A6**　三角関数 $\sin x, \cos x$ の導関数は

$$(\sin x)' = \cos x, \ (\cos x)' = -\sin x$$

で与えられる．

証明　実際

$$\begin{aligned}\lim_{h\to 0}\frac{\sin(x+h)-\sin x}{h} &= \lim_{h\to 0}\frac{\sin x\cos h+\cos x\sin h-\sin x}{h} \\ &= \lim_{h\to 0}\frac{\sin x(\cos h-1)+\cos x\sin h}{h}\end{aligned}$$

だから上の極限値より求める結果を得る．cos の導関数も同様である．　　　　　　　　　　　　　　　　　　　　　　　　□

　ここで三角関数の導関数を求めた方法は，最初の円弧や三角形の面積の大小という幾何学的な直感によっており，そもそもが円弧の長さが存在するという前提に基づいている．第V話2節で述べた議論が「循環論法」であるというのは，このことを意味している．この問題を解決するには，幾何学直感によらず，かつ，幾何学において求められる性質をみたす三角関数の定義が必要なのである．これについては，次の付録で説明する．

付録 B | *Appendix B*

ベキ級数，指数関数と三角関数

1 | 無限級数 —— 絶対収束するなら有限級数と同じことができる

この付録では，ベキ級数の性質について述べる．ここでは必要な事柄を最小限に述べるので，詳しい内容は微積分学や解析学の教科書を参照してほしい．

最初に複素数の数列について触れておく．w_i を複素数とするとき，数列 $\{w_i\}$ が複素数 w に収束するとは，実数列の場合と形式的には同じである．すなわち，どんな正数 ϵ に対しても，自然数 N があって，$n \geq N$ のとき $|w - w_n| < \epsilon$ が成り立つことである．ここで，複素数 $z = a + bi$ に対し，$|z| = \sqrt{a^2 + b^2}$ は z の絶対値である．また，a, b をそれぞれ複素数 z の実部，虚部と呼ぶ．このとき，

$$|a| \leq |z|, \quad |b| \leq |z|, \quad |z| \leq |a| + |b|$$

が成り立つ．複素数列 $\{w_i\}$ に対し，w_i の実部，虚部をそれぞれ a_i, b_i とすると，2つの実数列 $\{a_i\}, \{b_i\}$ が得られる．このとき上の不等式から容易にわかるように，複素数列 $\{w_i\}$ が複素数 w に収束することと，実数列 $\{a_i\}, \{b_i\}$ がそれぞれ w の実部，虚

部に収束することが同値である．また，コーシーの収束判定条件も同じ形で成り立つことも確かめられる．

さて，a_i, $i \geq 1$ を複素数とするとき
$$a_1 + a_2 + \cdots + a_i + \cdots$$
を無限級数といい，$\sum a_i$ と表わす．n 項までの部分和を $S_n = a_1 + a_2 + \cdots + a_n$ とおく．数列 $S_1, S_2, \cdots$ が有限の値 S に収束するとき，上の無限級数は極限値 S に収束するといい
$$S = a_1 + a_2 + \cdots + a_i + \cdots$$
あるいは $S = \sum a_i$ と表わす．例えば等比級数
$$1 + r + r^2 + \cdots + r^i + \cdots$$
は部分和 $S_n = (1-r^n)/(1-r)$ だから，$|r| < 1$ のとき $1/(1-r)$ に収束する．また級数
$$1 + \frac{1}{2} + \frac{1}{3} + \cdots + \frac{1}{i} + \cdots$$
を調和級数という．これは $n+1$ から $2n$ までの和 R_n が
$$\frac{1}{n+1} + \frac{1}{n+2} + \cdots + \frac{1}{2n} > n \times \frac{1}{2n} = \frac{1}{2}$$
だから，容易にわかるように ∞ に発散する．

有限和 $a_1 + a_2 + \cdots + a_n$ は和の順序を入れ替えたり，かっこで括ってから加えても結果は変わらない．しかし無限級数ではこれは成り立たない．例えば上の等比級数で $r = -1$ のとき無限級数
$$1 + (-1) + (-1)^2 + \cdots$$

については，$S_{2n+1} = 1, S_{2n} = 0$ だから収束しない．しかし2項目以下を2つずつかっこで括れば，$1 + 0 + 0 + \cdots = 1$ である．

各項 a_i が正の実数であるような無限級数を正項級数という．$\sum a_i$ が正項級数であれば，部分和 S_n は単調増加だから，$\sum a_i$ が有限の値に収束するための必要十分条件は，$\{S_n\}$ が有界となることである．このとき無限級数の和は，各項の並び方を取り替えても（和の順序を変えても）変わらない．実際，並び方を変えた級数を $b_1 + b_2 + \cdots$ とし，n 項までの部分和を S'_n とする．このとき，ある番号 $m > n$ があって，S'_n の各項は $\sum a_i$ の部分和 S_m に含まれるので，$S'_n \leq S_m$ である．従って極限について $\sum b_i \leq \sum a_i$ が成り立つ．逆の不等式も成り立つので，極限は一致する．また，無限級数 $\sum a_i$ の有限個の項をいくつか（無限でもよい）かっこで括って得られる無限級数，例えば

$$(a_1 + a_3) + a_2 + (a_4 + a_6 + a_7) + \cdots$$

も同じ値に収束する．実際，必要なら項の並び方を変えて，いくつかの続き番号でかっこを付けると思ってよい．このとき部分和を考えれば上と同様の議論から極限は一致する．

さて，一般の無限級数

$$\sum w_i = w_1 + w_2 + \cdots + w_i + \cdots$$

は各項（複素数）の絶対値をとった無限級数

$$\sum |w_i| = |w_1| + |w_2| + \cdots + |w_i| + \cdots$$

が収束するとき，絶対収束するという．このとき，もとの無限級数 $\sum w_i$ も収束することが次のようにしてわかる．無限級数

$\sum w_i, \sum |w_i|$ の部分和をそれぞれ S_n, S'_n とする．$\sum |w_i|$ が収束すれば，数列 $\{S'_n\}$ についてコーシーの収束判定条件が成り立つ．つまりどんな正数 ϵ に対しても，自然数 N があって，$N \leq n \leq m$ のとき

$$|S'_m - S'_n| = |w_{n+1}| + \cdots + |w_m| < \epsilon$$

が成り立つ．このとき

$$|S_m - S_n| = |w_{n+1} + \cdots + w_m| \leq |w_{n+1}| + \cdots + |w_m| < \epsilon$$

だから，無限級数 $\sum w_i$ もコーシーの収束判定条件（定理 A3）をみたすので収束する．また，w_i の実部，虚部をそれぞれ a_i, b_i とすると，実数の無限級数 $\sum a_i, \sum b_i$ が得られる．$\sum w_i$ が絶対収束すれば，$\sum |w_i|$ の部分和たちは有界なので，複素数の絶対値の不等式から，$\sum |a_i|, \sum |b_i|$ についても同じことがいえる．従って w_i の実部，虚部は絶対収束する．また，このとき極限値について

$$\sum w_j = \sum a_j + (\sum b_j)i$$

が成り立つ．

さて，前述したように，収束する正項級数は項の並べ方（加法の順序）を変えても，かっこでどのように括っても極限は変わらない．同じことが絶対収束する級数についても成り立つ．

定理 B1 無限級数

$$\sum w_i = w_1 + w_2 + \cdots + w_i + \cdots$$

は絶対収束するとする．このとき，$\sum w_i$ の極限値は，項の並べ方（加法の順序）を変えても，また，かっこでどのように括っても一定である．

証明 これをいうには，実部，虚部の級数についていえばよいから，級数 $\sum w_i$ は始めから実数の級数と仮定してよい．w_i のうち，正の項，負の項をそれぞれ取り出して並べていったものをそれぞれ

$$p_1, p_2, \cdots, \quad -q_1, -q_2, \cdots$$

とする．正の項，負の項がともに無限にある場合について議論すればよいことに注意しよう．$\sum w_i$ の部分和 S_n について，n 番目までの正の項，負の項を考えればわかるように

$$S_n = (p_1 + \cdots + p_l) - (q_1 + \cdots + q_m)$$

となる自然数 l, m が存在し，$n \to \infty$ のとき $l, m \to \infty$ である．仮定より，$\sum |w_i|$ は収束するので，その n 項までの部分和

$$(p_1 + \cdots + p_l) + (q_1 + \cdots + q_m)$$

は有界である．従って $\{p_1 + \cdots + p_l\}$, $\{q_1 + \cdots + q_m\}$ たちも有界だから，2 つの正項級数 $\sum p_i, \sum q_i$ は収束する．従って極限値について

$$\sum w_i = \sum p_i - \sum q_i$$

が成り立つ．ここで，w_i の並べ方を変えることは，p_i, q_i の並べ方を変えることに他ならないが，$\sum p_i, \sum q_i$ は正項級数だから，極限値は並べ方によらない．また，項たちのかっこによる括り方によらず極限値が一定であることも同様に示される． □

無限級数 $\sum a_i, \sum b_i$ に対し,
$$\sum(a_i + b_i) = (a_1 + b_1) + (a_2 + b_2) + \cdots$$
を無限級数の和という. $\sum a_i, \sum b_i$ がともに絶対収束するならば, 上の議論と同様に, $\sum(a_i + b_i)$ も絶対収束し, その極限について
$$\sum(a_i + b_i) = \sum a_i + \sum b_i$$
であることが容易に示される.

さて, 有限の列の和については分配法則
$$(a_1 + \cdots + a_n)(b_1 + \cdots + b_m) = a_1 b_1 + \cdots + a_i b_j + \cdots + a_n b_m$$
が成り立つ. 絶対収束する級数については同じことが成り立つことを示そう. 主張は次の通りである.

定理 B2 $\sum a_i, \sum b_i$ をともに絶対収束する複素数の級数とする. このとき次の級数
$$\sum a_i b_j = a_1 b_1 + a_2 b_1 + a_1 b_2 + a_3 b_1 + a_2 b_2 + a_1 b_3 + \cdots$$
も絶対収束し
$$\sum a_i b_j = \left(\sum a_i\right)\left(\sum b_j\right)$$
が成り立つ.

証明 まず, 級数 $\sum a_i b_j$ が絶対収束することをみよう. 仮定から $\sum |a_i|, \sum |b_i|$ の部分和たちは有界であるから, 正数 d, d' があって, どんな自然数 n, m に対しても,
$$|a_1| + \cdots + |a_n| < d, \quad |b_1| + \cdots + |b_m| < d'$$

が成り立つ．従って

$$|a_1 b_1| + \cdots + |a_i b_j| + \cdots + |a_n b_m| < dd'$$

であるが，これは級数 $\sum a_i b_j$ が絶対収束することを意味する．従って右辺の級数の和は項 $a_i b_j$ をどのように並べてもよく，またそれらの項たちをどのように括ってもよい．もとの級数 $\sum a_i, \sum b_i$ の n 番目までの部分和をそれぞれ A_n, B_n とする．

$$T_n = A_1 B_1 + (A_2 B_2 - A_1 B_1) + \cdots + (A_n B_n - A_{n-1} B_{n-1})$$

とおく．例えば $T_2 = a_1 b_1 + (a_1 b_2 + a_2 b_1 + a_2 b_2)$ である．上述のことから $\sum a_i b_j = \lim_{n \to \infty} T_n$ である．一方，かっこをはずせば $T_n = A_n B_n$ に他ならないから，

$$\begin{aligned}\sum a_i b_j &= \lim_{n \to \infty} T_n = \lim_{n \to \infty} (A_n B_n) \\ &= \lim_{n \to \infty} A_n \lim_{n \to \infty} B_n = \sum a_i \sum b_i\end{aligned}$$

となり，証明が完了する． □

以上まとめると，絶対収束する級数に対しては，有限和について成り立つ加法や乗法の規則がそのまま成り立つのである．

2 | ベキ級数

a_i を複素数，z を複素数の変数とするとき，無限級数

$$a_0 + a_1 z + a_2 z^2 + \cdots + a_n z^n + \cdots$$

をベキ級数といい，$\sum a_i z^i$ と表わす．．この級数が収束するような複素数 z に対し，この級数の和は 1 つの複素数を定めるから，そのような複素数たちを定義域とする関数が定まる．ベキ級数については，次の結果が基本である．

定理 B3 上のようなベキ級数が $z = z_0$ のとき収束すれば，$|z| < |z_0|$ なるすべての z に対し絶対収束する．

証明 仮定より $\sum a_i z_0^i$ が収束するから，$\lim_{n \to \infty} a_n z_0^n = 0$ である．従ってどんな正数 ϵ に対しても，自然数 n_0 あって $n_0 < n$ のとき $a_n z_0^n < \epsilon$ となる．また仮定より $|z| = t|z_0|$ となる数 $0 < t < 1$ がとれる．このとき

$$|a_{n_0} z^{n_0}| + \cdots + |a_m z^m| + \cdots$$
$$= |a_{n_0} z_0^{n_0}| t^{n_0} + \cdots + |a_m z_0^m| t^m + \cdots$$
$$< \epsilon(t^{n_0} + \cdots + t^m + \cdots) = \frac{\epsilon t^{n_0}}{1-t}$$

が成り立つが，これは $\sum a_i z^i$ が絶対収束することを意味する． □

さて次のようなベキ級数

$$\sum \frac{z^i}{i!} = 1 + z + \frac{z^2}{2!} + \frac{z^3}{3!} + \cdots + \frac{z^n}{n!} + \cdots$$

を考える．r を任意の正の実数とするとき $\sum \frac{r^i}{i!}$ が収束することを示そう．自然数 $n \geq 0$, $k > 2$ に対し

$$(k+n-1)! = (k-1)! \times k \times (k+1) \times \cdots \times (k+n-1) > k^n$$

付録B　ベキ級数，指数関数と三角関数

だから，$\dfrac{r^{k+n-1}}{(k+n-1)!} < r^{k-1}\dfrac{r^n}{k^n}$ である．従って $k > r$ にとっておくと

$$\sum \frac{r^i}{i!} < 1 + r + \cdots + \frac{r^{k-2}}{(k-2)!}$$
$$+ r^{k-1}\left\{1 + \frac{r}{k} + \left(\frac{r}{k}\right)^2 + \cdots\right\}$$
$$= 1 + r + \cdots + \frac{r^{k-2}}{(k-2)!} + \frac{r^{k-1}k}{k-r}$$

だから $\sum \dfrac{r^i}{i!}$ は収束する．従って定理 B3 から $\sum \dfrac{z^i}{i!}$ はすべての複素数 z に対し絶対収束する．かくしてすべての複素数に対し定義された関数が得られるが，これを

$$\exp(z) = 1 + z + \frac{z^2}{2!} + \frac{z^3}{3!} + \cdots + \frac{z^n}{n!} + \cdots$$

と表わす．

関数 $\exp(z)$ の重要な性質は「指数法則」をみたすことである．つまり次の定理が成り立つ．

定理 B4　$\exp(z+w) = \exp(z)\exp(w)$.

証明　まず，2項展開定理

$$(z+w)^n = z^n + nz^{n-1}w + \cdots + \binom{n}{i}z^i w^{n-i} + \cdots + w^n$$

を思い出そう．ただし $\binom{n}{i} = \dfrac{n!}{i!(n-i)!}$ は2項係数である．従って

$$\frac{(z+w)^n}{n!} = \frac{z^n}{n!} + \frac{z^{n-1}}{(n-1)!}\cdot w + \cdots + \frac{z^i}{i!}\cdot\frac{w^{n-i}}{(n-i)!} + \cdots + \frac{w^n}{n!}$$

であることに注意しよう．このとき2つの級数

$$1 + (z+w) + \frac{(z+w)^2}{2!} + \cdots + \frac{(z+w)^n}{n!} + \cdots$$
$$\left(1 + z + \frac{z^2}{2!} + \frac{z^3}{3!} + \cdots\right)\left(1 + w + \frac{w^2}{2!} + \frac{z^3}{3!} + \cdots\right)$$

は項を適当に並べかえれば一致する．これらの級数は絶対収束するので，前に述べた結果より級数の和についても次の等号が成り立つ．

$$\sum \frac{(z+w)^i}{i!} = \sum \frac{z^i}{i!} \sum \frac{w^i}{i!}$$

従って $\exp(z+w) = \exp(z)\exp(w)$ が成り立つ． □

さて a は複素数，t は実変数として関数

$$\exp(at) = 1 + at + \frac{a^2 t^2}{2!} + \frac{a^3 t^3}{3!} + \cdots$$

を考えよう．これはすべての実数上で定義された複素数値の関数である．

定理 B5 関数 $\exp(at)$ はすべての t に対し微分可能で，その導関数は

$$(\exp(at))' = a\exp(at)$$

である．

証明 一般に複素数値の関数 $f(t)$ が t において微分可能であるとは，$\lim_{h\to 0} \dfrac{f(t+h) - f(t)}{h}$ が収束することである．これは $f(t)$ の実部，虚部がともに微分可能であることと同値である．さて指数法則から

$$\frac{\exp(a(t+h)) - \exp(at)}{h} = \exp(at)\frac{\exp(ah) - 1}{h}$$

であるから，$h \to 0$ のとき $\dfrac{\exp(ah) - 1}{h}$ が収束することを示せばよい．定義から

$$\frac{\exp(ah) - 1}{h} = a + \frac{a^2 h}{2!} + \frac{a^3 h^2}{3!} + \cdots$$

である．$\exp(ah)$ は絶対収束するから，右辺も絶対収束する級数である．右辺の第 2 項以降は $h\left(\dfrac{a^2}{2!} + \dfrac{a^3 h}{3!} + \dfrac{a^4 h^2}{4!} + \cdots\right)$ と表わせるが

$$\frac{a^2}{2!} + \frac{a^3 h}{3!} + \frac{a^4 h^2}{4!} + \cdots = \frac{\exp(ah) - 1 - ah}{h^2}$$

も絶対収束する．従って $|h| < 1$ のとき

$$\left|\frac{a^2}{2!} + \frac{a^3 h}{3!} + \frac{a^4 h^2}{4!} + \cdots\right| < \left|\frac{a^2}{2!}\right| + \left|\frac{a^3 h}{3!}\right| + \left|\frac{a^4 h^2}{4!}\right| + \cdots$$
$$< \left|\frac{a^2}{2!}\right| + \left|\frac{a^3}{3!}\right| + \left|\frac{a^4}{4!}\right| + \cdots$$

である．この最後の級数は有限の値に収束する．従って

$$\lim_{h \to 0} h\left(\frac{a^2}{2!} + \frac{a^3 h}{3!} + \frac{a^4 h^2}{4!} + \cdots\right) = 0$$

となり

$$\lim_{h \to 0} \frac{\exp(ah) - 1}{h} = a$$

である． □

3 | 指数関数と三角関数はベキ級数で定義できる

a が実数,t が実数の変数のとき,関数 $\exp(at)$ は第Ⅶ話で述べた 3 つの性質 P をみたす.従ってⅦ話の定理より $\exp(at)$ は広い意味の指数関数である.また導関数は $(\exp(at))' = a\exp(at)$ だから,Ⅶ話の議論から

$$\exp(at) = e^{at}$$

と表わすことができる.また a が実数のときは,ベキ乗関数だったから,$at = 1$ のときを考えると

$$\exp(1) = e = 1 + 1 + \frac{1}{2!} + \frac{1}{3!} + \cdots$$

が得られる.

次に z が複素数のとき,$\exp(z)$ をもう少し詳しく調べよう.$z = a + bi$ のとき,その共役複素数は $\bar{z} = a - bi$ である.このとき z の絶対値は $|z| = \sqrt{a^2 + b^2} = \sqrt{z\bar{z}}$ で与えられる.容易にわかるように,$\overline{z+w} = \bar{z} + \bar{w}, \overline{z \times w} = \bar{z} \times \bar{w}$ が成り立つ.つまり,共役複素数をとることと,和や積は交換可能である.このことから,$\overline{\exp(z)} = \exp(\bar{z})$ であることがわかる.従って $z = a + bi$ とすると,$\exp(z)$ の絶対値について

$$|\exp(z)| = \sqrt{\exp(z)\overline{\exp(z)}} = \sqrt{\exp(z)\exp(\bar{z})}$$
$$= \sqrt{\exp(z + \bar{z})} = \sqrt{\exp(2a)} = e^a$$

が成り立つ.従って

定理 B6 t が実数のとき $\exp(ti)$ は絶対値 1 の複素数である.

定理から，$\exp(ti)$ は複素数平面の単位円上にある．従ってその x 成分，y 成分，つまり実部，虚部を三角関数 $\cos t$ あるいは $\sin t$ と考えるのは自然である．以下これを確かめよう．まず，複素数 $z = a + bi$ に対しその実部，虚部はそれぞれ

$$a = \frac{z + \bar{z}}{2}, \quad b = \frac{z - \bar{z}}{2i}$$

で与えられる．$\overline{\exp(ti)} = \exp(-ti)$ に注意する．そこで

$$f(t) = \frac{\exp(ti) + \exp(-ti)}{2}, \quad g(t) = \frac{\exp(ti) - \exp(-ti)}{2i}$$

とおこう．つまり $\exp(ti) = f(t) + g(t)i$ である．上の定理より $f(t)^2 + g(t)^2 = 1$ である．またこれらの関数の導関数については次が成り立つ．

定理 B7 $f'(t) = -g(t)$, $g'(t) = f(t)$

証明

$$f'(t) = \frac{\exp(ti)' + \exp(-ti)'}{2} = i\frac{\exp(ti) - \exp(-ti)}{2} = -g(t)$$
$$g'(t) = \frac{\exp(ti)' - \exp(-ti)'}{2i} = \frac{\exp(ti) + \exp(-ti)}{2} = f(t)$$

より明らかである． □

以上から，関数 $f(t)$, $g(t)$ は三角関数の要件をみたしているように見える．t をパラメーターとする曲線 $x = f(t)$, $y = g(t)$ は単位円上にあり，t が 0 から l まで動いたとき曲線の長さは，幾何的に定義された場合と同じく

$$\int_0^l \sqrt{f'(t)^2 + g'(t)^2} dt = \int_0^l dt = l$$

である.

しかし,幾何的に定義された三角関数は周期関数で,その周期が 2π である.関数 $f(t), g(t)$ が周期関数であるかどうかは,これまでの議論からは明らかではない.曲線 $x = f(t), y = g(t)$ は「一定の速さ」で円周を動いているから,ある $l \neq 0$ のときもとの位置に戻るように見えるが,それは全円周の「長さ」が有限であることとほとんど同じことであり,それはまだ証明されてはいないのである.

そこで最後に次の定理を証明しよう.

定理 B8 関数 $\exp(ti)$ は周期関数である.つまり $\exp(li) = 1$ をみたす最小の正の数 l が存在する.

証明 まずこのような l があれば,

$$\exp((t+l)i) = \exp(ti + li) = \exp(ti)\exp(li) = \exp(ti)$$

だから $\exp(ti)$ は l を周期とする周期関数であることは明らかである.

このような l の存在をいくつかのステップに分けて示そう.

1. 正の数 ϵ があって,$|t| \leq \epsilon, t \neq 0$ のとき,$\exp(ti) \neq 1$ である.

証明.上の定理 B5 から $g'(t) = f(t)$ で,$g(0) = 0$ だから $g'(0) = f(0) = 1$ である.これらの関数は微分可能だから連続である.従って正の数 ϵ が存在し,$|t| \leq \epsilon$ のとき $g'(t) > 0$ である.従ってこの範囲で $g(t)$ は狭義に単調増加である.従って $|t| \leq \epsilon$ のとき

$$\exp(ti) = f(t) + g(t)i = 1$$

付録B ベキ級数，指数関数と三角関数　259

となるのは $t=0$ のときだけである．

2. 円周上の 1 に十分近い任意の点は，$\exp(t_0 i)$ の形に表わせる．

証明．上で見たように $g(t)$ は連続で，$|t| \leq \epsilon$ の範囲で狭義に単調増加である．従って，$g(0) = 0 < a < g(\epsilon) \neq 0$ となるどんな a に対しても，中間値の定理から $g(t_0) = a$ となる t_0 の存在がわかる．このとき円周上の点 $(\pm\sqrt{1-a^2}, a)$ は $\exp(t_0 i)$ の形である．

3. $\exp(mi) = 1$ となる正の数 m が存在する．

証明．絶対値 1 の複素数 α に対し，絶対値が 1 で偏角が半分の複素数をとっていく．つまり α の平方根である．この操作を $\alpha_1 = i$ から繰り返し行うと，絶対値 1 の複素数の列 α_n であって，$(\alpha_n)^{2^{n+1}} = 1$ となるものが得られる．容易にわかるように，この列は 1 に収束するから，2 で示したように，ある番号 n_0 があって $\alpha_{n_0} = \exp(t_0 i)$ と表わせる．このとき

$$\exp(2^{n_0+1} t_0 i) = \exp(t_0 i)^{2^{n_0+1}} = (\alpha_{n_0})^{2^{n_0+1}} = 1$$

が成り立つ．つまり $\exp(mi) = 1$ となる正の数 m が存在する．

4. そこでそのような正の数たちの下限を l とすると，1で述べたことから $l \neq 0$ である．また連続性から明らかに $\exp(li) = 1$ だから，l が求めるものである． □

定義 $l/2$ を π と表わし円周率という．

これが幾何的直感にたよらない円周率の定義である．上に述べたことは，曲線 $x = f(t)$, $y = g(t)$ が $t = 0$ から $t = l = 2\pi$ ま

で動いたとき，初めて曲線を1周することをいっており，曲線の長さの公式より，1周の長さが 2π であることもわかる．以上から，$\cos t = f(t), \sin t = g(t)$ と定義するとき，これらは三角関数のみたすべき幾何的要件をすべてみたしていることが示されたのである．

三角関数をこのように定義するとき，102頁で述べた $\cos t, \sin t$ のベキ級数表示が次のようにして得られる．$\exp(ti), \exp(-ti)$ を級数で表わすと

$$\exp(ti) = 1 + ti + \frac{t^2 i^2}{2!} + \frac{t^3 i^3}{3!} + \cdots$$
$$\exp(-ti) = 1 - ti + \frac{t^2 i^2}{2!} - \frac{t^3 i^3}{3!} + \cdots$$

である．これらの無限級数は絶対収束するから，これらの無限級数の和や差も絶対収束し，極限もそれぞれの極限の和や差になる．これらの級数の各項の和や差は容易に計算でき，$\cos t, \sin t$ の定義から

$$\cos t = \frac{\exp(ti) + \exp(-ti)}{2} = 1 - \frac{t^2}{2!} + \frac{t^4}{4!} - \frac{t^6}{6!} + \cdots$$
$$\sin t = \frac{\exp(ti) - \exp(-ti)}{2i} = t - \frac{t^3}{3!} + \frac{t^5}{5!} - \frac{t^7}{7!} + \cdots$$

となる．

付録 C | *Appendix C*

空間の一次変換

1 | 2 行 2 列の行列と平面の一次変換

x, y 平面の点 P の座標成分が $\begin{pmatrix} x \\ y \end{pmatrix}$ のとき,$\begin{pmatrix} x \\ y \end{pmatrix}$ でもって点 P を表わすことにする.$A = \begin{pmatrix} a & b \\ c & d \end{pmatrix}$ を 2 行 2 列の行列 (2 次正方行列という) とするとき,

$$\begin{pmatrix} x \\ y \end{pmatrix} \longrightarrow \begin{pmatrix} x' \\ y' \end{pmatrix} = \begin{pmatrix} a & b \\ c & d \end{pmatrix} \begin{pmatrix} x \\ y \end{pmatrix} = \begin{pmatrix} ax + by \\ cx + dy \end{pmatrix}$$

によって定まる x, y 平面の点の変換を,行列 A が定める一次変換と呼び,A 自身で表わすことにする.つまり $\begin{pmatrix} x' \\ y' \end{pmatrix} = A \begin{pmatrix} x \\ y \end{pmatrix}$ である.B を 2 次正方行列とすると,行列の積 BA は,一次変換 A に B を続けた (合成した) ものである.単位行列 $E = \begin{pmatrix} 1 & 0 \\ 0 & 1 \end{pmatrix}$ が定める変換は $\begin{pmatrix} x' \\ y' \end{pmatrix} = \begin{pmatrix} x \\ y \end{pmatrix}$ であるが,これを恒等変換と呼ぶ.行列 A に対し,$AA' = A'A = E$ をみたす行列 A' があるとき,A' を A の逆行列といい A^{-1} と表わす.A が逆行列をもつとき,A^{-1} で表わされる変換を A の逆変換と呼ぶ.

次の定理は,高校でも学ぶよく知られた結果であるが,証明を

与えておこう.

定理 C1　行列 A は逆行列をもち，単位円（原点が中心で半径 1 の円）上の点を，単位円上の点に移すとする．このとき，A で表わされる一次変換は，原点を中心とする回転か，または原点を通るある直線に関する対称変換（折り返し）である．

証明　$\begin{pmatrix} x' \\ y' \end{pmatrix} = \begin{pmatrix} a & b \\ c & d \end{pmatrix} \begin{pmatrix} x \\ y \end{pmatrix}$ とする．定理の条件は，$x^2 + y^2 = 1$ のとき $x'^2 + y'^2 = 1$ が成り立つことである．$x'^2 + y'^2 = (ax + by)^2 + (cx + dy)^2$ だから，$x^2 + y^2 = 1$ のとき

$$(ax + by)^2 + (cx + dy)^2 = x^2 + y^2$$

が成り立つことといってもよい．$x \neq 0$ のとき，上式を整理して x^2 で割ると

$$(b^2 + d^2 - 1)(y/x)^2 + 2(ab + cd)(y/x) + a^2 + c^2 - 1 = 0$$

が成り立つ．$x^2 + y^2 = 1$ かつ $x \neq 0$ の条件をみたす y/x は無数にあるから，上の方程式は恒等的に 0 であり，

$$b^2 + d^2 - 1 = 0, \quad a^2 + c^2 - 1 = 0, \quad ab + cd = 0$$

である．ここで 3 番目の条件は，ベクトル $\begin{pmatrix} a \\ c \end{pmatrix}$ とベクトル $\begin{pmatrix} b \\ d \end{pmatrix}$ が直交していることを意味する．$a^2 + c^2 = 1$ だから，適当な角 θ によって $a = \cos\theta, c = \sin\theta$ と表わせる．このとき

$$A = \begin{pmatrix} \cos\theta & -\sin\theta \\ \sin\theta & \cos\theta \end{pmatrix}, \quad \text{または} \quad \begin{pmatrix} \cos\theta & \sin\theta \\ \sin\theta & -\cos\theta \end{pmatrix}$$

であるが，これらはそれぞれ回転，あるいは対称変換である．□

円を双曲線に代えても同様の結果が成り立つ.

定理 C2 一次変換 $A = \begin{pmatrix} a & b \\ c & d \end{pmatrix}$ が, 双曲線 $-x^2 + y^2 = 1$ 上の点をこの双曲線の上に移すための必要十分条件は, $-b^2 + d^2 = 1$ かつ
$$A = \begin{pmatrix} d & b \\ b & d \end{pmatrix}, \quad \text{または} \quad \begin{pmatrix} -d & b \\ -b & d \end{pmatrix}$$
の形であることである.

証明 定理 C1 と同様に考えると, A が双曲線 $-x^2 + y^2 = 1$ 上の点をこの双曲線の上に移すための必要十分条件は, $-x^2 + y^2 = 1$ のとき
$$-(ax + by)^2 + (cx + dy)^2 = -x^2 + y^2$$
が成り立つことであり, 従って
$$-a^2 + c^2 = -1, \quad -b^2 + d^2 = 1, \quad ab - cd = 0$$
が成り立つことである. このとき, $d \neq 0$ だから $ab - cd = 0$ より $c = (b/d)a$ である. 従って $-a^2 + (b/d)^2 a^2 = -1$ だから, $a^2(1 - b^2/d^2) = 1$ となり $a^2 = d^2$ であることがわかる. 従って $a = \pm d, c = \pm b$ だから求める結果を得る. □

さて, 条件 $-b^2 + d^2 = 1$ は点 $\begin{pmatrix} b \\ d \end{pmatrix}$ が双曲線上にあることと同じであり, $A \begin{pmatrix} 0 \\ 1 \end{pmatrix} = \begin{pmatrix} b \\ d \end{pmatrix}$ である. 従って上の定理から, 双曲線 $-x^2 + y^2 = 1$ 上の任意の点 $\begin{pmatrix} x_0 \\ y_0 \end{pmatrix}$ が与えられたとき, この双

曲線をそれ自身に移し，点 $\begin{pmatrix} 0 \\ 1 \end{pmatrix}$ を $\begin{pmatrix} x_0 \\ y_0 \end{pmatrix}$ に移す一次変換が存在することがわかる．

ここで，$A = \begin{pmatrix} -d & b \\ -b & d \end{pmatrix}$ のときは，$A \begin{pmatrix} b \\ d \end{pmatrix} = \begin{pmatrix} 0 \\ 1 \end{pmatrix}$ である．つまり A は 2 点 $\begin{pmatrix} 0 \\ 1 \end{pmatrix}$, $\begin{pmatrix} b \\ d \end{pmatrix}$ を入れ換えており，これらの間の適当な点を中心とする「折り返し」である．

2 | 3 行 3 列の行列と空間の一次変換

x, y 平面と同様に，x, y, z 空間の点を，その座標 $\begin{pmatrix} x \\ y \\ z \end{pmatrix}$ で表わす．2 次正方行列が平面の一次変換を定めるように，3 行 3 列の行列（3 次正方行列という）$A = \begin{pmatrix} a & b & c \\ d & e & f \\ g & h & i \end{pmatrix}$ は

$$\begin{pmatrix} x \\ y \\ z \end{pmatrix} \longrightarrow \begin{pmatrix} x' \\ y' \\ z' \end{pmatrix} = \begin{pmatrix} a & b & c \\ d & e & f \\ g & h & i \end{pmatrix} \begin{pmatrix} x \\ y \\ z \end{pmatrix} = \begin{pmatrix} ax + by + cz \\ dx + ey + fz \\ gx + hy + iz \end{pmatrix}$$

によって空間の一次変換を定める．高校では空間の一次変換は学ばないので，基本的な事柄について述べておこう．行列の積を定義するには，成分を添え字を付けて表わすのが便利である．つまり，i 行 j 列の成分を a_{ij} と表わす．このとき行列の積は

$$\begin{pmatrix} a_{11} & a_{12} & a_{13} \\ a_{21} & a_{22} & a_{23} \\ a_{31} & a_{32} & a_{33} \end{pmatrix} \begin{pmatrix} b_{11} & b_{12} & b_{13} \\ b_{21} & b_{22} & b_{23} \\ b_{31} & b_{32} & b_{33} \end{pmatrix} = \begin{pmatrix} c_{11} & c_{12} & c_{13} \\ c_{21} & c_{22} & c_{23} \\ c_{31} & c_{32} & c_{33} \end{pmatrix}$$

とおくと
$$c_{ij} = a_{i1}b_{1j} + a_{i2}b_{2j} + a_{i3}b_{3j}$$

で与えられる．このような行列の積で重要なことは，2次正方行列と同様に行列の積 BA の定める一次変換が，一次変換 A に B を続けた（合成した）ものになっていることである．単位行列 $E = \begin{pmatrix} 1 & 0 & 0 \\ 0 & 1 & 0 \\ 0 & 0 & 1 \end{pmatrix}$ が定める変換は点を動かさない．これを恒等変換と呼ぶ．行列 A に対し，$AA' = A'A = E$ をみたす行列 A' があるとき，A' を A の逆行列といい A^{-1} と表わす．A が逆行列をもつとき，A^{-1} で表わされる変換を A の逆変換と呼ぶ．

定理 C3 A は3次正方行列で逆行列をもつとする．このとき一次変換 A は空間内の直線を直線に，また平面を平面に移す．

証明 簡単のため，原点を通る直線を考えよう．一般の場合も同様である．一般に直線 l はパラメータ t 用いて $\begin{pmatrix} x \\ y \\ z \end{pmatrix} = \begin{pmatrix} pt \\ qt \\ rt \end{pmatrix}$ と表わされる．ただし，p, q, r は定数で，すべてが 0 になることはない．$A = \begin{pmatrix} a & b & c \\ d & e & f \\ g & h & i \end{pmatrix}$ とすると，直線 l の像 Al は

$$\begin{pmatrix} x' \\ y' \\ z' \end{pmatrix} = A \begin{pmatrix} x \\ y \\ z \end{pmatrix} = \begin{pmatrix} (ap+bq+cr)t \\ (dp+eq+fr)t \\ (gp+hq+ir)t \end{pmatrix}$$

である．ここで，A は逆行列をもつから $\begin{pmatrix} ap+bq+cr \\ dp+eq+fr \\ gp+hq+ir \end{pmatrix} =$

$A \begin{pmatrix} p \\ q \\ r \end{pmatrix}$ はすべてが 0 になることはない．従って，A は直線を直線に移す．

また，原点を通る平面 Π は，平行でない 2 つのベクトル $\begin{pmatrix} p_1 \\ q_1 \\ r_1 \end{pmatrix}$ と $\begin{pmatrix} p_2 \\ q_2 \\ r_2 \end{pmatrix}$，および 2 つのパラメータ s, t によって $\begin{pmatrix} x \\ y \\ z \end{pmatrix} = \begin{pmatrix} p_1 s + p_2 t \\ q_1 s + q_2 t \\ r_1 s + r_2 t \end{pmatrix}$ と表わされる．このとき平面 Π の像 $A(\Pi)$ は

$$\begin{pmatrix} x' \\ y' \\ z' \end{pmatrix} = A \begin{pmatrix} x \\ y \\ z \end{pmatrix} = \begin{pmatrix} (ap_1 + bq_1 + cr_1)s + (ap_2 + bq_2 + cr_2)t \\ (dp_1 + eq_1 + fr_1)s + (dp_2 + eq_2 + fr_2)t \\ (gp_1 + hq_1 + ir_1)s + (gp_2 + hq_2 + ir_2)t \end{pmatrix}$$

である．ここで 2 つのベクトル

$$\begin{pmatrix} ap_1 + bq_1 + cr_1 \\ dp_1 + eq_1 + fr_1 \\ gp_1 + hq_1 + ir_1 \end{pmatrix}, \quad \begin{pmatrix} ap_2 + bq_2 + cr_2 \\ dp_2 + eq_2 + fr_2 \\ gp_2 + hq_2 + ir_2 \end{pmatrix}$$

は平行でない．実際平行なら，これらに A の逆行列を施すと，$\begin{pmatrix} p_1 \\ q_1 \\ r_1 \end{pmatrix}$ と $\begin{pmatrix} p_2 \\ q_2 \\ r_2 \end{pmatrix}$ は平行になるが，これは仮定に反する． □

さて，空間内の平面を固定し，その平面をそれ自身に移す（点は動いてもよい）一次変換を考えよう．典型的な例として，$z = 1$ という方程式で定まる平面，つまり z 座標が 1 である点の集合である．この平面を A_1 と表わす．3 次正方行列 $A = \begin{pmatrix} a & b & c \\ d & e & f \\ g & h & i \end{pmatrix}$

が定める一次変換が A_1 の点を A_1 に移すための条件は，任意の x, y について次の式が成り立つことである．

$$\begin{pmatrix} a & b & c \\ d & e & f \\ g & h & i \end{pmatrix} \begin{pmatrix} x \\ y \\ 1 \end{pmatrix} = \begin{pmatrix} x' \\ y' \\ 1 \end{pmatrix}$$

これは任意の x, y に対し $gx + hy + i = 1$ が成り立つことだから，$g = h = 0, i = 1$ であることが必要十分条件である．このような変換がさらに，A_1 の中心点 $\begin{pmatrix} 0 \\ 0 \\ 1 \end{pmatrix}$ を動かさないための条件は，容易にわかるように $c = f = 0$ である．このとき行列は $\begin{pmatrix} a & b & 0 \\ d & e & 0 \\ 0 & 0 & 1 \end{pmatrix}$ の形だから，x, y 平面の行列 $\begin{pmatrix} a & b \\ d & e \end{pmatrix}$ と本質的に同じである．また，行列 $B = \begin{pmatrix} 1 & 0 & c \\ 0 & 1 & f \\ 0 & 0 & 1 \end{pmatrix}$ を考える．

$B \begin{pmatrix} x \\ y \\ 1 \end{pmatrix} = \begin{pmatrix} x+c \\ y+f \\ 1 \end{pmatrix}$ だから，B は平面 A_1 における平行移動である．さて $A = \begin{pmatrix} a & b & c \\ d & e & f \\ 0 & 0 & 1 \end{pmatrix}$ に対し，合成変換 $B^{-1}A$ を考えると，これは中心点 $\begin{pmatrix} 0 \\ 0 \\ 1 \end{pmatrix}$ を動かさないことがわかる．逆にいえば，A_1 の点を A_1 に移す一次変換 A は，A_1 の中心点を動かさない変換と平行移動の合成に表わされる．

3 │ 一次変換と双曲面

第Ⅷ話の非ユークリッド幾何で扱った双曲面 H_+

$$z^2 = x^2 + y^2 + 1, \quad z > 0$$

を考える．空間の一次変換 A が，この双曲面 H_+ の点を H_+ に移すための条件を完全に求めることは難しい．ただし，非ユークリッド幾何の合同について考えるには，そのような一次変換をすべて求める必要はない．ここでは，合同変換として必要な2つの型の変換について述べておく．以後簡単のため，このような一次変換は双曲面 H_+ を保存するということにする．まず，z 軸を中心とする回転，あるいは z 軸を含む平面に関する折り返し（誤解のないときはこれも回転と呼んでおく）は，図を考えれば明らかなように，この双曲面をそれ自身に移す．もう1つは，ユークリッド幾何の平行移動に対応するもので，双曲面の中の双曲線に沿って移動する変換である．

回転を特徴づけるのは次の定理である．点 $\begin{pmatrix} 0 \\ 0 \\ 1 \end{pmatrix}$ を双曲面の中心点と呼ぶ．

定理 C4 双曲面 H_+ を保存する一次変換 R が回転であるための必要十分条件は，双曲面の中心点を動かさないことである．

証明 R が回転であれば，双曲面の中心点を動かさないことは明らかである．逆に R が双曲面の中心点を動かさないと仮定する．式で書けば $R \begin{pmatrix} 0 \\ 0 \\ 1 \end{pmatrix} = \begin{pmatrix} a & b & c \\ d & e & f \\ g & h & i \end{pmatrix} \begin{pmatrix} 0 \\ 0 \\ 1 \end{pmatrix} = \begin{pmatrix} 0 \\ 0 \\ 1 \end{pmatrix}$ で

あり,これは $c = f = 0$, $i = 1$ と同値である.このとき
$\begin{pmatrix} a & b & 0 \\ d & e & 0 \\ g & h & 1 \end{pmatrix} \begin{pmatrix} x \\ 0 \\ z \end{pmatrix} = \begin{pmatrix} ax \\ dx \\ gx+z \end{pmatrix}$ である.R は双曲面 H_+ を保存
するから,$-x^2+z^2 = 1$ のとき,$-a^2x^2 - d^2x^2 + (gx+z)^2 = 1$ である.このとき定理 C2 の証明と同様に,係数比較ができ,特に xz の項から $g = 0$ である.同様に $h = 0$ だから $R = \begin{pmatrix} a & b & 0 \\ d & e & 0 \\ 0 & 0 & 1 \end{pmatrix}$
と表わせる.このとき 2 次正方行列 $\begin{pmatrix} a & b \\ d & e \end{pmatrix}$ が回転であることは明らかである. □

次に特別の形の平行移動について考える.

定理 C5 双曲面 H_+ を保存する一次変換 B が,点 $\begin{pmatrix} 0 \\ 1 \\ 0 \end{pmatrix}$ を動かさないための必要十分条件は,$a^2 - c^2 = 1$ をみたす実数 a, c があって
$$B = \begin{pmatrix} a & 0 & c \\ 0 & 1 & 0 \\ c & 0 & a \end{pmatrix} \quad \text{または} \quad \begin{pmatrix} -a & 0 & c \\ 0 & 1 & 0 \\ -c & 0 & a \end{pmatrix}$$
と表わされることである.

証明 十分条件は明らかである.逆は,点 $\begin{pmatrix} 0 \\ 1 \\ 0 \end{pmatrix}$ を動かさないことから,$b = g = 0$, $e = 1$ である.また上の定理の証明と同様に $d = f = 0$ が得られる.このとき,x, z 平面の変換と考えると,定理 C2 より求める結果が得られる. □

さて $B \begin{pmatrix} 0 \\ 0 \\ 1 \end{pmatrix} = \begin{pmatrix} c \\ 0 \\ a \end{pmatrix}$ だから,点 $\begin{pmatrix} 0 \\ 0 \\ 1 \end{pmatrix}$ を双曲面上の任意の点

$\begin{pmatrix} c \\ 0 \\ a \end{pmatrix}$ に移す変換が存在する．また，双曲面 H_+ 上の任意の点 $P = \begin{pmatrix} x_0 \\ y_0 \\ z_0 \end{pmatrix}$ に対して，z 軸の周りの回転 R で，点 P を y 座標が 0 の点，つまり $\begin{pmatrix} c \\ 0 \\ a \end{pmatrix}$ の形の点 Q に移すことができる．R^{-1} は R の逆変換とすると，一次変換の合成 $R^{-1}BR$ は B を z 軸の周りで回転させた変換で，点 $\begin{pmatrix} 0 \\ 0 \\ 1 \end{pmatrix}$ を与えられた点 $P = \begin{pmatrix} x_0 \\ y_0 \\ z_0 \end{pmatrix}$ に移す．このような変換を平行移動と呼ぶ．

定理 C6 双曲面 H_+ を保存する変換は，適当な平行移動と z 軸の周りの回転の合成として表わせる．

証明 A は双曲面 H_+ を保存する変換とする．$A \begin{pmatrix} 0 \\ 0 \\ 1 \end{pmatrix} = \begin{pmatrix} x_0 \\ y_0 \\ z_0 \end{pmatrix}$ とおく．上の定理より平行移動 B で $B \begin{pmatrix} 0 \\ 0 \\ 1 \end{pmatrix} = \begin{pmatrix} x_0 \\ y_0 \\ z_0 \end{pmatrix}$ となるものが存在する．このとき，合成 $B^{-1}A$ は点 $\begin{pmatrix} 0 \\ 0 \\ 1 \end{pmatrix}$ を動かさないから，定理 C4 から回転 R である．従って $A = BR$ である．□

西田　吾郎(にしだ　ごろう)

1943年大阪府生まれ．
京都大学名誉教授，理学博士．
京都大学大学院理学研究科修士課程修了．
京都大学理学部，大学院理学研究科教授，同副学長を歴任．
2014年　逝去

【専攻】
位相幾何学

【主な著作】
『ホモトピー論』（共立出版 1985），『線形代数学』（京都大学学術出版会 2009），『数，方程式とユークリッド幾何』（京都大学学術出版会 2012）など．

わかっているようでわからない
数と図形と論理の話

学術選書 061

2013 年 6 月 10 日　初版第 1 刷発行
2025 年 5 月 30 日　初版第 3 刷発行

著　　者……………西田　吾郎
発　行　人……………黒澤　隆文
発　行　所……………京都大学学術出版会
　　　　　　　　京都市左京区吉田近衛町 69
　　　　　　　　京都大学吉田南構内（〒 606-8315）
　　　　　　　　電話（075）761-6182
　　　　　　　　FAX（075）761-6190
　　　　　　　　振替 01000-8-64677
　　　　　　　　URL http://www.kyoto-up.or.jp

印刷・製本……………㈱太洋社

装　　幀……………鷺草デザイン事務所

ISBN 978-4-87698-861-7　　ⓒ Goro NISHIDA 2013
定価はカバーに表示してあります　　Printed in Japan

本書のコピー，スキャン，デジタル化等の無断複製は著作権法上での例外を除き禁じられています．本書を代行業者等の第三者に依頼してスキャンやデジタル化することは，たとえ個人や家庭内での利用でも著作権法違反です．

037 新・動物の「食」に学ぶ　西田利貞
038 イネの歴史　佐藤洋一郎
039 新編 素粒子の世界を拓く 湯川・朝永から南部・小林・益川へ　佐藤文隆 監修
040 文化の誕生 ヒトが人になる前　杉山幸丸
041 アインシュタインの反乱と量子コンピュータ　佐藤文隆
042 災害社会　川崎一朗
043 ビザンツ 文明の継承と変容　井上浩一 [諸]8
044 江戸の庭園 将軍から庶民まで　飛田範夫
045 カメムシはなぜ群れる? 離合集散の生態学　藤崎憲治
046 異教徒ローマ人に語る聖書 創世記を読む　秦 剛平
047 古代朝鮮 墳墓にみる国家形成　吉井秀夫 [諸]13
048 王国の鉄路 タイ鉄道の歴史　柿崎一郎
049 世界単位論　高谷好一
050 書き替えられた聖書 新しいモーセ像を求めて　秦 剛平
051 オアシス農業起源論　古川久雄
052 イスラーム革命の精神　嶋本隆光
053 心理療法論　伊藤良子 [心]7
054 イスラーム 文明と国家の形成　小杉 泰 [諸]4
055 聖書と殺戮の歴史 ヨシュアと士師の時代　秦 剛平

056 大坂の庭園 太閤の城と町人文化　飛田範夫
057 歴史と事実 ポストモダンの歴史学批判をこえて　大戸千之
058 神の支配から王の支配へ ダビデとソロモンの時代　秦 剛平
059 古代マヤ 石器の都市文明［増補版］　青山和夫 [諸]11
060 天然ゴムの歴史 〈ヘベア樹の世界一周オデッセイ〉から〈交通化社会〉へ　こうじや信三
061 わかっているようでわからない数と図形と論理の話　西田吾郎

学術選書 [既刊一覧]

*サブシリーズ 「心の宇宙」→心 「諸文明の起源」→諸 「宇宙と物質の神秘に迫る」→宇

001 土とは何だろうか？　久馬一剛
002 子どもの脳を育てる栄養学　中川八郎・葛西奈津子
003 前頭葉の謎を解く　船橋新太郎
005 コミュニティのグループ・ダイナミックス　杉万俊夫 編著 心1
006 古代アンデス 権力の考古学　関 雄二 心2
007 見えないもので宇宙を観る　小山勝二ほか 編著 宇1
008 地域研究から自分学へ　高谷好一
009 ヴァイキング時代　角谷英則 諸9
010 GADV仮説 生命起源を問い直す　池原健二
011 ヒト 家をつくるサル　榎本知郎
012 古代エジプト 文明社会の形成　高宮いづみ 諸2
013 心理臨床学のコア　山中康裕 心3
014 古代中国 天命と青銅器　小南一郎 諸5
015 恋愛の誕生 12世紀フランス文学散歩　水野 尚
016 古代ギリシア 地中海への展開　周藤芳幸 諸7
018 紙とパルプの科学　山内龍男

019 量子の世界　川合・佐々木・前野ほか 編著 宇2
020 乗っ取られた聖書　秦 剛平
021 熱帯林の恵み　渡辺弘之
022 動物たちのゆたかな心　藤田和生 心4
023 シーア派イスラーム 神話と歴史　嶋本隆光
024 旅の地中海 古典文学周航　丹下和彦
025 古代日本 国家形成の考古学　菱田哲郎 諸14
026 人間性はどこから来たか サルからのアプローチ　西田利貞
027 生物の多様性ってなんだろう？ 生命のジグソーパズル 京都大学総合博物館／京都大学生態学研究センター 編
028 心を発見する心の発達　板倉昭二 心5
029 光と色の宇宙　福江 純
030 脳の情報表現を見る　櫻井芳雄 心6
031 アメリカ南部小説を旅する ユードラ・ウェルティを訪ねて　中村紘一
032 究極の森林　梶原幹弘
033 大気と微粒子の話 エアロゾルと地球環境　笠原三紀夫 監修／東野 達 監修
034 脳科学のテーブル 日本神経回路学会監修／外山敬介・甘利俊一・篠本滋 編
035 ヒトゲノムマップ　加納 圭
036 中国文明 農業と礼制の考古学　岡村秀典 諸6